机场建设管理丛书

浦东国际机场港湾机坪及飞行区综合体工程

戴晓坚
主编

U0250765

上海科学技术出版社

图书在版编目(CIP)数据

浦东国际机场港湾机坪及飞行区综合体工程 / 戴晓坚主编.—上海：上海科学技术出版社，2019.9
(机场建设管理丛书)
ISBN 978-7-5478-4542-4

Ⅰ.①浦… Ⅱ.①戴… Ⅲ.①国际机场—工程施工—施工技术—研究—浦东新区 Ⅳ.①V351.11

中国版本图书馆 CIP 数据核字(2019)第 167797 号

浦东国际机场港湾机坪及飞行区综合体工程
戴晓坚 主编

上海世纪出版(集团)有限公司
上 海 科 学 技 术 出 版 社 出版、发行
(上海钦州南路 71 号 邮政编码 200235 www.sstp.cn)
苏州望电印刷有限公司印刷
开本 787×1092 1/16 印张 12.25
字数 235 千字
2019 年 9 月第 1 版 2019 年 9 月第 1 次印刷
ISBN 978-7-5478-4542-4/V·24
定价：108.00 元

内容提要

全书共分 7 章，内容主要包括飞行区工程地基处理施工技术与应用、飞行区道面滑模施工技术与应用、盾构穿越施工技术控制管理、飞行区桥梁工程施工技术与管理、飞行区综合管廊工程施工技术与管理、飞行区工程禁区不停航施工管理和受机场既有条件限制下的下穿通道施工。

本书在上海机场往期改扩建工程研究成果的基础上，对几年来浦东机场三期扩建工程飞行区工程项目实施过程中的管理方法和技术经验进行了提炼总结，并充分结合工程实例，归纳形成了一系列关键技术控制措施，体现了许多技术创新成果，也充分展现了各参建单位的管理水平和聪明才智。

本书主要读者对象为从事民航规划、管理、科研工作的企事业单位、高等院校、科研院所人员，以及从事机场建设设计、施工、管理、科研工作的相关人员。

丛书编委会

主编

戴晓坚

常务副主编

李金良

副主编

徐　萍　李育红　华志坚　胡建华

编委

按姓氏笔画排序

王振军　王晓鸿　包继循　许巨川　吴玉林　张　悦

张志良　张晓军　柴震林　殷振慧　董政民　舒文春

丛书编委办

编委办主任

徐　萍

常务副主任

李育红

副主任

王晓鸿

成员

按姓氏笔画排序

王　颖　王燕鹏　乐少斌　冯达升　李　旸

杨善端　张晓军　周　净　黄　渝　斯碧峰

本书编写人员

按姓氏笔画排序

王元东　王志文　孔念成　石　磊　白乔木　朱　涛
任　奕　刘　维　许　伟　孙　琳　李　帆　李家宏
邸耀全　汪青山　张　鹏　张志良　陈　亮　郑世兴
郑渝瀚　姚雪涛　秦　进　袁振宏　徐　晖　徐向成
梁　伟　梁万宇　梁学海　斯碧峰　董　鸽　谢钦官
樊卿卿

序

我国经济发展已由高速增长阶段转向高质量发展阶段，大众出行对安全、便捷、品质等方面的关注不断增强，对成本、质量、效率和环境提出了更高要求。截至2018年，上海浦东机场和虹桥机场年旅客吞吐量达到1.18亿人次、年货邮吞吐量完成418万吨。推进上海航空枢纽建设，着力提升上海机场国际枢纽竞争力，是新时代民航强国战略的重要组成部分，也是上海建设国际航运中心的重要举措，对增强上海城市国际竞争力，更好地服务长三角、服务全国具有重要的战略意义。

上海机场集团坚持对标“最高标准、最好水平”，加快推进上海两场基础设施改扩建。2014年12月20日和2015年12月29日，虹桥机场东片区改造工程和浦东机场三期扩建工程相继全面开工建设。围绕浦东机场三期扩建工程和虹桥机场东片区改造工程，上海机场建设指挥部克服了点多面广、工期紧、施工作业交叉多等困难，在两场高位运行的情况下，圆满地完成了两大项目群的建设任务。在建设过程中，上海机场建设指挥部的干部员工和参建者一道，勇于担当、攻坚克难，积累了一批具有理论和实践意义的创新成果。

浦东机场卫星厅工程是世界上最大的单体卫星厅，上海机场首次在捷运系统采用了“钢轨钢轮”城市地铁制式，既节约了建设和运营成本，又为大型枢纽机场捷运系统建设开创了新的局面，打破了国外技术在机场捷运系统上的垄断，形成了《机场空侧旅客捷运系统工程项目建设指南》行业标准。在浦东机场飞行区下穿通道的建设过程中，上海机场建设指挥部坚持“以运营为导向”，为把对运营影响降至最低，将工程划分为三个阶段进行，在机位上，按“占一至少还一”的原则，加强不停航施工管理、强化既有隧道和建筑物限制条件下的明挖施工管理，确保了工程质量安全全面受控。

在虹桥机场东片区 1 号航站楼改造工程中，按照时任上海市委书记韩正提出的“脱胎换骨”的总要求，上海机场建设指挥部坚持以打造“平安、绿色、智慧、人文”“四型机场”为目标，充分考虑航空公司和机场运营管理需求，以旅客为本；保留虹桥机场不同时代的建筑风貌，传承文脉；始终贯彻绿色可持续发展理念，以最小资源和能耗为旅客提供最舒适体验，项目荣获“联合国全球绿色解决方案——既有建筑绿色改造解决方案金奖”；注重智能设备应用，打造“智慧”机场，成为国内首家全自助航站楼。

2019 年 9 月 16 日，浦东机场即将迎来通航 20 周年，浦东机场卫星厅等工程也将以全新的面貌展现在世人的面前，接受社会大众的检验和考验。上海机场建设指挥部在原上海浦东机场建设丛书的基础上，组织编写了三期建设丛书。丛书重点介绍本期工程在管理和科技创新方面的成果，希望能与广大民航同行和其他工程建设者共享。

上海机场的建设得到了各级领导的关心和指导，也离不开设计、施工和监理等单位和广大建设者的积极参与和辛勤付出，在此一并表示感谢和敬意。

上海机场（集团）有限公司党委书记、董事长

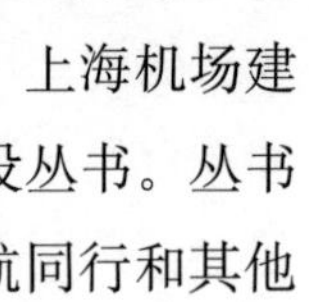

2019 年 8 月

前言

随着我国民航事业的快速增长，国内大多数机场设施已无法与快速增长的航班量相匹配，机场面临巨大的运行压力，机场改扩建已成为现阶段扩容的主要手段之一。在不停航施工情况下的机场改扩建，成为我国机场发展的主要趋势。有的改扩建工程，其建设规模、复杂程度及建设周期不亚于新建一个机场，而且与现有运营设施的矛盾愈加突出。减少对运行的影响，寻求从施工技术上和施工管理上的创新和提高，是相关从业人员不断追求的目标。

浦东机场三期扩建工程飞行区工程项目规模大、涉及专业多、建设时间短、建设任务重，其中主要建设工程共 9 个，分别为东机坪工程、五跑道工程、下穿通道及 5 号机坪改造工程、港湾机坪工程、滑行道桥工程、综合管廊土建及部分管线工程、S1/S2 下穿通道工程、捷运土建工程、单体工程。工程占地面积达到 270 余平方公里，工程总投资超过 50 亿元，自 2015 年陆续开工，2019 年年中竣工，包括地基处理、土方运输、场道工程、附属道路及围界、助航灯光、雨水泵站、下穿通道、消防系统、安防系统等分部工程，涵盖规划、结构、机械、电气、管道、消防、土建、信息、弱电等多个专业，其建设工程任务十分艰巨。

三期扩建工程飞行区工程项目与上海机场往期改扩建项目相比，具有施工工艺复杂、交叉施工多、施工难度大，禁区施工点多面广、空防要求高、时间跨度大，以及分阶段建设与验收、施工组织复杂等鲜明特点，这给工程建设管理者在专业技能、管理能力、问题处理与协调能力、预警与应急机制等各方面都提出了更高的要求。同时，在三期扩建工程飞行区工程项目推进过程中，也积累了宝贵的工程管理一线实践资料，从而为本书提供了鲜活丰富的创作素材。

与以往飞行区改扩建项目图书相比，本书主要特点如下：

(1) 对场道工程地基处理和道面施工技术开展了进一步研究。本书结合三期扩建工程飞行区内在建筑物的分布情况，总结了过渡区域之间地基不均匀沉降控制的处理方法，并重点介绍了三轴水泥搅拌桩地基处理工艺及成效。此外，本书首次引入浦东机场的道面滑模摊铺施工技术，并对其在港湾机坪工程施工过程中的应用成效进行了详细探讨，同时结合工程实践提出了一系列改进施工工艺和完善工程质量监控措施，为该技术的后续推广打下了良好的基础。

(2) 重点介绍了飞行区结构类项目的建设难点、特点，以及实施过程中取得的创新技术成果。三期飞行区土建工程已不再是简单的、平面化的项目，而是包括地面、地上以及地下三维立体的项目群，如地下工程有下穿通道、捷运盾构、综合管廊等，地上项目有飞行区桥梁等，这些分项目均是在同一时间段同步开展施工，各项目施工界面和工序衔接之间交错制约，这种复杂工况在国内外民航改扩建领域都很难找到借鉴。本书以具体工程为例，对飞行区内地下、地上结构类典型项目施工技术与管理方法进行了针对性的归纳总结，并从技术角度出发，探讨了包括盾构穿越运行滑行道沉降控制、先简支后固结整体式桥梁施工质量控制、紧邻盾构明挖基坑变形控制等关键技术控制措施，罗列了包括自动化监测系统、钢支撑轴力伺服补偿系统、U形挂篮装置等创新工艺技术的开发和应用成效，为后续类似项目提供了丰富的经验、资料。

(3) 对于复杂工程的禁区不停航施工管理进行了深入研究。三期飞行区禁区施工“点多面广”，高峰时涉及禁区的项目多达8个，遍布飞行区的各个角落，其中不乏时间跨度长、施工难度高、对运行影响大的复杂工程。这些项目位于机场核心运行区域，涉及国内少有的垂直下穿滑行道基坑施工，同时为了尽可能满足运行的需求，及时提供更多的机位、滑行道与服务车道等，还需要进行分阶段建设和投运。面对如此严苛的施工条件，为保障工程顺利推进，需要在实施前进行详细的工程策划。本书以下穿通道及 5 号机坪改造工程项目为例，结合结构工程和场道工程禁区施工情况，以禁区复杂工程典型工况下遇到的各种难题为切入点，给出了切实可行的解决方案，为飞行区禁区不停航施工管理积累了宝贵的经验，也为国内外机场禁区建设提供了有效的施工经验及理论指导。

由于时间紧促和水平有限，本书内容还不够系统、完善，恐有不妥之处，祈请各位专家和读者批评指正。

编　者

目录

第1章 飞行区工程地基处理施工技术与应用

为适应上海浦东国际机场(以下简称“浦东机场”)航空业务量增长需求,提升机场综合保障能力,加快全球航空网络重要节点和国际门户枢纽机场建设,决定实施浦东机场三期扩建工程。三期扩建工程主要建设内容为飞行区工程、航站区工程和生产辅助设施工程等。

三期扩建工程占地面积大,而地质条件差、地层分布不均匀,同时施工区域内又有多条新建地下管廊、结构物、南北地下通道、航站区以及局部新建站坪同原有站坪衔接。工程项目组根据道面的使用功能要求以及地勘报告,结合构筑物的分布情况,在不同的区域采用了不同的地基施工处理方法。其中大部分地基处理方法在浦东机场一、二期中得到了广泛的应用,有成功经验,本章不再赘述这部分施工工艺。下面重点介绍三轴水泥搅拌桩地基处理工艺及取得的效果。

1.1 工程地质条件概述

1.1.1 地形地貌

拟建场区位于浦东机场一跑道和二跑道之间、东西向联络道南侧,南进场路地下通道从拟建场地中部呈南北向通过,场地为河口、砂嘴、砂岛地貌类型。

南进场路地下通道以东,地势起伏大,分布有较多土堆、明浜(塘)、沟、菜田等;南进场路地下通道以西,地势起伏相对较小,并有明浜(塘)、沟、简易道路、菜田等分布。场地标高一般在 3.24～7.04 m。

1.1.2 地基土的构成及特征

1) 地表层组(土层深度 0～5 m)

地表层组为第四纪 Q43 沉积物,受人类活动和沉积环境影响,土层组成复杂,土性变化较大。该层组包括第①0－1 层吹填土(粉砂夹砂质粉土)、第①1 层填土、第①2 层浜填土。

第①0-1 层吹填土(粉砂夹砂质粉土)为近期吹砂补土及二期场道堆载预压吹填土料卸载回填于本场地形成,由石英、长石、云母等组成,夹黏性土、少量贝壳碎屑,无层理,土质松散,层厚不等,主要分布于场地中部。

第①1 层填土,属第四纪 Q43 人工活动沉积物,含较多植物根茎,土性松散。

第①2 层黑~灰黑色浜填土,属第四纪 Q43 人工活动沉积物,主要分布于场地内明浜(塘)、暗浜,含较多黑色有机质及腐植物,有臭味,在明浜(塘)内为淤泥。

2) 浅部层组(土层深度 1~13 m)

浅部层组为第四纪 Q42~Q43 沉积物,受沉积环境影响,土性变化较大。包括第②1 层粉质黏土、第②2 层黏质粉土夹粉质黏土、第②3 层砂质粉土、第③1 层淤泥质粉质黏土和第③2 层砂质粉土。

第②1 层褐黄~灰黄色粉质黏土,含氧化铁条纹及铁锰结核,呈可塑~软塑状态,中~高压缩性。该层局部缺失。

第②2 层黏质粉土夹粉质黏土,灰色,呈饱和、松散状态,土质不均匀,局部以黏性土为主,土质软弱不均。该层在场地分布不稳定,局部缺失。

第③1 层淤泥质粉质黏土,灰色,含云母、有机质和薄层粉砂,呈饱和、流塑状态,高压缩性。该层在场地普遍分布,厚度变化较大。

第②3 层和第③2 层砂质粉土,灰色,含云母,夹层状黏性土及粉砂等,呈饱和,松散~稍密状态,厚度不一,土质不均匀,分布普遍。

3) 中部层组(土层深度 13~30 m,局部至约 38 m)

中部层组为第四纪 Q41~Q42 沉积物,以饱和软黏性土为主,成因类型为滨海~浅海、滨海~沼泽相沉积,包括第④层淤泥质黏土、第⑤1-1 层黏土、第⑤1-2 层粉质黏土和第⑤4 层粉质黏土。

第④层淤泥质黏土,灰色,含云母、有机质、贝壳碎屑,夹少量薄层粉砂,呈饱和、流塑状态,高压缩性,土质较均匀,土层厚度大。该层在场地普遍分布。

第⑤1-1 层黏土,灰色,含云母、有机质,偶夹薄层粉砂。饱和,流塑~软塑状态,中~高压缩性。该层在场地普遍分布。

第⑤1-2 层粉质黏土,灰色,含云母、腐植质,夹薄层粉砂。软塑~可塑状态,中压缩性。

第⑤4 层粉质黏土,灰绿~草黄色,含铁锰结核。湿~稍湿,可塑~硬塑状态,中等压缩性。该层在局部区域分布。其分布厚度和土性均不稳定。

4) 深部层组(土层深度约 30 m 以下,局部区域 38 m 以下)

深部层组为上更新世第四纪 Q32 沉积物,成因类型为河口~滨海相沉积,以砂土为主,包括第⑦1 层砂质粉土、第⑦2-1 层粉砂、第⑦2-2 层粉细砂。呈中密~密实状态,中~低压缩性,该层是良好的地基土层。第⑦层在拟建场地总体上层位分布较稳定,局部埋深略深,其层面有一定起伏。

1.1.3 地下水类型

本场地地下水可分为潜水和承压水。潜水主要来源为大气降水、地表径流。

地下水埋深一般为0.20～2.50 m，相应标高为5.54～2.65 m。承压水分布在第⑦1层砂质粉土及以下的砂土层。承压水头呈年周期性变化，水头埋深一般为3～12 m。

1.1.4 场地主要岩土工程问题

地质勘探原位测试和室内土工试验结果表明，本区域浅部地基土层组基本处于欠压密状态、强度较低；中部地基土层含水量高，孔隙比大，强度低，具有高压缩性，在附加应力作用下会产生较大的固结沉降，天然地基土在强度和变形两方面都不能满足场道的设计要求，须进行相应的地基处理。该区域地基存在以下岩土工程问题：

1）浅层土的强度比较低

拟建场区原地面有沟、浜、塘等，整个场地土层组分构成较为复杂，均匀性差，土质松散，作为场道地基使用时不能满足其强度要求，因此须通过地基处理，改善浅部层组土质的不均匀性，提高表层地基土的强度，以满足场道施工要求。

2）沉降与不均匀沉降

拟建场地在工况荷载作用下沉降较大，在新建道面与已有道面相接处存在不均匀沉降问题，如不能有效地减少新老道面地基的沉降差异，道面建成后必将产生较大的附加结构应力，引起道面结构的损坏，因此沉降控制是地基处理需要解决的主要岩土工程问题。

3）场地液化

第①0－1层粉砂（新近吹填土）为中等液化土层；第②3层和第③2层为可液化土层，场地液化属轻微等级。

1.2 地基处理技术、经济方案的比选

根据浦东机场第二～第五跑道、东机坪、南机坪，以及虹桥西跑道工程的施工经验，结合以往在浦东机场场区内使用过的地基处理方法，主要采用深层地基处理方法和浅层地基处理方法两大类地基处理方法。

1.2.1 深层地基处理方案的比选

深层地基处理方法主要有堆载预压法、深层搅拌法和真空预压法等。

1.2.1.1 堆载预压法处理

1）工作原理

堆载预压法是指利用堆载荷载使地基土固结，消除沉降，并由此提高地基土的抗剪强度。其适用于处理淤泥质土、淤泥和冲填土等饱和黏性土地基，对于在持续荷载作用下体积会发生很大压缩、强度会明显增长的土，这种方法特别适用。

堆载预压分为塑料排水板或砂井地基堆载预压和天然地基堆载预压。堆载预压法需要大量的堆载材料和相对较长的预压时间，在有土方来源和时间允许的

情况下，堆载预压法是软土地基处理工程中的首选方法。同时可根据不同的地质条件，通过调整预压荷载、排水板间距、排水板深度、预压加固时间等多个外部条件，使得使用期沉降和差异沉降达到理想状态，从而实现优化设计。

2）工程造价（不包含堆载材料费）

堆载预压（不插板），工程造价约为 315 元/m^2。

堆载预压 + 塑料排水板，工程造价约为 408 元/m^2。

1.2.1.2 *深层搅拌法处理*

1）工作原理

深层搅拌法是适用于加固饱和黏性土和粉土等地基的一种方法，它是指通过搅拌机械，就地将软土和固化剂（浆液或粉体）强制搅拌，使软土硬结成具有整体性、水稳性和一定强度的加固土，从而提高地基土强度和增大变形模量。此法需要外加固化剂（一般为水泥），根据固化剂掺入状态的不同，可将其分为浆液搅拌和粉体喷射搅拌两种。

其主要优点为：① 最大限度地利用了原土；② 搅拌时无振动、无噪声和无污染，可在密集建筑群中进行施工，对周围原有建筑物及地下沟管影响很小；③ 根据上部结构的需要，可灵活采用柱状、壁状、格栅状和块状等加固形式。

2）工程造价

深层搅拌法处理深度可达 30 m，其工程造价较高，为 530 元/m^2。

1.2.1.3 *真空预压法处理*

1）工作原理

真空预压法在港口、码头堆场、机场等工程的软基处理中得到了广泛应用，如在广西南宁机场、山东济南机场和上海浦东机场三、四、五跑道部分区域的软基处理中，取得了较好的工程效果。

在堆载材料比较困难与场地无法实施堆载的条件下，真空预压法较堆载预压法优越。但当地基中存在水平透水层时，若无其他措施，难以保证真空度形成负压区。对真空预压，须首先查明处理范围内有无透水层（或透气层）及水源补给情况，施工时须在地基内设置排水竖井。

2）工程造价

采用真空预压法进行地基深层处理，造价约为 441 元/m^2（按抽真空三个月）。

1.2.2 浅层地基处理方法比选

浅层地基处理方法主要有冲击碾压、换填、强夯等。

1.2.2.1 *冲击碾压法处理*

1）工作原理

冲击碾压法是指利用多边形压实轮连续滚动产生的冲击、滚压、揉压等综合作用，将能量传递给土体，并向地下深层传播，使土体得到压实。其具有冲击力大、大深度原地压实和效率高等特点。目前该机械设备就压实轮形状可分为三边轮和五边轮，前者重在“冲”，后者更多的是在“压”，同时可通过控制轮速达到不同的处理深度。

根据在浦东机场三跑道、四跑道飞行区的实践经验，冲击碾压法是技术上比较可靠、经济上相对合理的浅层处理方案。

2）工程造价

采用“真空降水 + 山皮石垫层 + 冲击碾压法”进行地基处理，造价约 153 元/m^2。

1.2.2.2 换填法处理

1）工作原理

换填法适用于处理各类浅层软弱地基。软弱土较薄时，可采用全部置换处理。对较深厚的软弱土层，当仅用垫层局部置换上层软弱土时，下卧软弱土层在荷载下的长期变形可能依然很大。例如，对较深厚的淤泥或淤泥质土类软弱地基，采用垫层仅置换上层软土后，通常可提高持力层的承载力，但不能解决由于深层土质软弱而造成地基变形量大对上部建(构)筑物产生的有害影响。

换填法的处理深度通常控制在 3 m 以内较为经济合理，原因如下：① 换填开挖深度过大，常因地下水位高，需要采用降水措施；② 坑壁放坡占地面积大或边坡需要支护；③ 易引起邻近地面、管网、道路与建筑的沉降变形而破坏；④ 施工土方量大、弃土多等因素，常使处理工程费用增高、工期拖长、对环境的影响增大等。

采用换填垫层处理上层部分软弱土时，如地基上部荷载不大，由于传递到下卧层顶面的附加应力很小，也可取得较好的效果。

2）工程造价

采用换填法进行地基处理，按照换填 1.5 m 深度山皮石造价约 280 元/m^2。

1.2.2.3 强夯法处理

1）工作原理

强夯法适用于处理碎石土、砂土、低饱和度的粉土与黏性土、湿陷性黄土、素填土和杂填土等地基。该方法具有加固效果显著、适用土类广、设备简单、施工方便、节省劳力、施工期短、节约材料、施工文明和施工费用低等优点，目前已用于堆场、公路、机场、房屋建筑、油罐等工程，一般效果良好。强夯法虽然已在工程中得到了广泛的应用，但有关强夯机理的研究，至今尚未取得满意的结果。因此，目前还没有一套成熟的设计计算方法。强夯施工前，应在施工现场有代表性的场地上进行试夯或试验性施工。

在浦东机场一跑道及二跑道曾采用强夯法进行浅层地基处理，在实施该方案时要特别注意场区地下水位和地基土黏粒含量较高的问题，可通过采取多种措施，如填筑不同的粗骨料强夯垫层、采取适当的排水措施和优化强夯工艺等加以解决，并进行多方案试验比较、取得优化的方案。

2）工程造价

按照规范要求点夯 2 遍 + 满夯 2 遍，强夯法处理造价约为 205 元/m^2。

1.2.3 港湾机坪地基处理方案的确定

根据浦东机场软土地基的具体施工特点，从适用条件、场地适应性、可操作性、可靠性、工程造价、施工工期等方面对地基深层处理方法和浅层地基处理方法进行了综合分析，选择以下处理方案。

1.2.3.1 深层地基处理技术方案

1）“塑料排水板 + 堆载预压法”深层处理方案

(1) 深层地基处理。采用技术可靠、操作简单、工期可控、效果较好的“塑料排水板 + 堆载预压法”，进行地基处理。

(2) 堆载范围。卫星厅站坪地基处理范围较大，场地同时堆载所需土方量巨大，考虑到本工程工期较长，因此采用分块分步堆载的方式，分步堆载顺序为：

① 卫星厅站坪周边 45 m 范围(第一次堆载)。为减小站坪堆载对卫星厅主体工程施工的影响，首先对此区域进行堆载，在卫星厅主体工程施工前卸载。

② 卫星厅站坪剩余范围(第二次堆载)。东机坪及卫星厅站坪周边 45 m 范围堆载体卸载的土方堆载到本区域。

各分块堆载预压标高、预压时间、卸载标准相同。为避免不均匀沉降，堆载交界面应搭接 5 m。

堆载范围如图 1－1 所示。

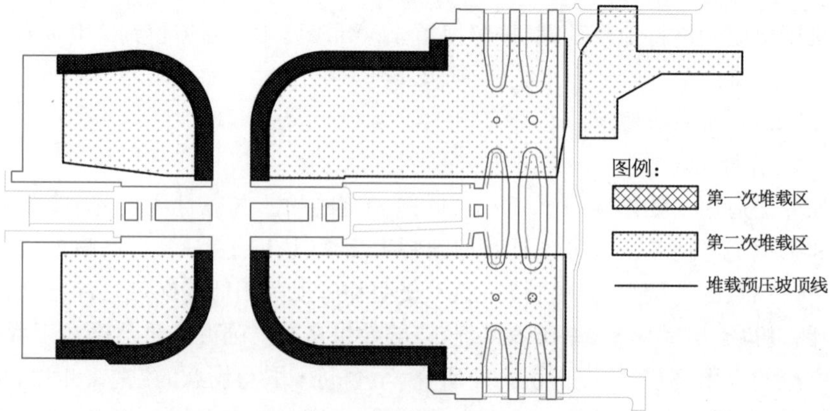

图 1－1 堆载预压处理平面图

(3) 预压技术参数。

① 预压时间：8 个月。

② 荷载要求：堆载体竣工验收标高为 10 m。

③ 卸载标准：

堆载预压(不含施工)累计时间不少于 8 个月；

沉降速率连续 5 d 小于 0.5 mm/d。

根据预压时间、沉降观测数据等推算工后沉降，综合分析确定。

堆载预压地基处理在浦东机场一、二、三期中得到了广泛的应用，地基处理效果较好，有成功经验，本书不再叙述该施工工艺。

2) 三轴水泥搅拌桩进行地基深层处理方案

(1) 采用三轴水泥搅拌桩的原因。在东机坪施工过程中，采用普通单轴搅拌桩施工，桩长 15 m 以上，容易引起偏位、断桩，存在质量隐患。为解决与结构物之间不均匀沉降问题，结合浦东机场地基情况，根据浦东机场以往在东机坪采用单轴搅拌桩施工的经验和教训，为确保港湾机坪区域水泥深层搅拌桩的质量，建设单位非常重视，多次召开专家研讨会，并且通过试验段的施工确认，经研究决定，港湾机坪区域深层搅拌桩由原设计的单轴水泥搅拌桩全部改为三轴水泥搅拌桩。

三轴水泥搅拌桩加固的优点如下：

① 采用专用三轴水泥搅拌桩施工，外侧两轴同向旋转喷浆与土拌和，中轴逆向高压喷气在孔内与水泥土充分翻搅拌和，而且由于中轴高压喷出的气体在土中逆向翻转，使原来已拌和的土体更加均匀，成桩直径更加有效，加固效果更优。

② 三轴搅拌机械施工效率高，相比单轴或双轴搅拌机械，其施工工期大大缩短。

③ 适用范围广。三轴水泥深层搅拌桩适用于处理正常固结的淤泥与淤泥质土、粉土、饱和黄土、素填土、黏性土、泥炭土、有机质土等地基。

④ 三轴水泥搅拌桩工艺与单轴搅拌桩工艺相比，其采用设备不同，成桩机理也不同。单轴搅拌桩施工是采用传统的单轴搅拌钻机，施工时水泥浆注入填充在原土间隙中，而三轴搅拌钻机则在填充水泥浆时加入高压空气，同时钻机对水泥土进行充分搅拌，并置换出大量原土。三轴钻机成桩的桩体强度及桩身均匀性明显优于传统的单轴钻机，使相邻两幅桩之间的平行性和搭接程度都非常良好。

(2) 本次三轴水泥搅拌桩的处理范围：

下穿通道两侧过渡处理范围(S1—维修机坪及 S2—T4 站坪的下穿通道)；

捷运车站及明挖区间两侧过渡处理范围；

滑行道桥过渡处理范围；

堆载区与现有道面之间处理范围。

1.2.3.2　浅层地基处理技术方案

1) 浅层地基处理原则

浅层地基处理采用技术可开、操作简单、经济合理的冲击碾压工艺，该工艺经过浦东机场三跑道、四跑道工程实践验证，能够满足浅层地基的要求。

禁区内受不停航施工影响的区域以及有地下管线区域采用换填法进行地基处理。

2) 浅层地基处理方案的确定

浅层地基处理主要分为以下三个区域：冲碾处理区、垫层处理区和换填处理区。

(1) 冲碾处理区(A区)技术要求。

① 冲碾设计。采用堆载预压方法进行地基深层处理的区域，堆载体卸载后，浅层采用冲击碾压方法处理，具体方法如下：

道面处理区(A1区)：真空降水 + 50 cm 厚山皮石垫层 + 冲击碾压。

道肩处理区(A2区)：真空降水 + 30 cm 厚山皮石垫层 + 冲击碾压。

② 真空降水设计参数。根据土层的含水量、渗透系数和地下水赋存状态，分为深层井点降水和浅层井点降水：

深层降水井管布设密度为 3.5 m×4.0 m，深度为 6 m；浅层降水井管密度为 3.5 m×6.0 m，深度为 3～4 m(具体可根据现场试验情况进行调整)。

③ 山皮石垫层要求。山皮石(或碎石)质量要求如下：最大粒径≤20 cm，粒径大于 2 cm 的颗粒质量不低于总质量的 50%，含泥量 10%～15%，级配良好，不均匀系数 $C_u \geq 5$，曲率系数 $C_c = 1 \sim 3$。

(2) 垫层处理区(B区)技术要求。采用水泥搅拌桩进行地基深层处理的区域，待搅拌桩检验合格后，按相应标高(考虑道槽设计标高与山皮石垫层厚度等影响)进行场地平整。铺设一层双向 TGSG4545 聚丙烯双拉塑料土工格栅，道面区(B1区)铺设 50 cm 厚(压实厚度)山皮石垫层，道肩区(B2区)铺设 30 cm 厚(压实厚度)山皮石垫层。

山皮石(或碎石)质量要求如下：最大粒径≤20 cm，粒径大于 2 cm 的颗粒质量不低于总质量的 50%，含泥量 10%～15%，级配良好，不均匀系数 $C_u \geq 5$，曲率系数 $C_c = 1 \sim 3$。

B区地基浅层处理压实沉降量暂按 5 cm 考虑，土方开挖深度根据现场试验情况确定，应保证山皮石垫层的压实厚度不小于设计要求。

(3) 换填处理区(C区)技术要求。禁区内受不停航施工影响的区域采用换填法处理。

道面区换填厚度为 150 cm(C1区)。服务车道和道肩区换填厚度为 100 cm(C2区)。

山皮石(或碎石)最大粒径应不大于 20 cm，颗粒(粒径 2～20 cm)的质量大于总质量的 50%，含泥量 10%～15%，不均匀系数 $C_u \geq 5$，曲率系数 $C_c = 1 \sim 3$。

C区地基浅层处理压实沉降量暂按 10 cm 考虑，土方开挖深度根据现场试验情况确定，应保证山皮石垫层的压实厚度不小于设计要求。

3) 捷运及下穿通道过渡段处理工艺

(1) 为了减小基坑开挖造成的差异沉降，在下穿通道、捷运明挖段、捷运车站的搭板外侧设置搅拌桩过渡段，分为水泥搅拌桩深度不同的三个区。捷运及下穿通道两侧过渡处理区平面图如图 1-2 所示。

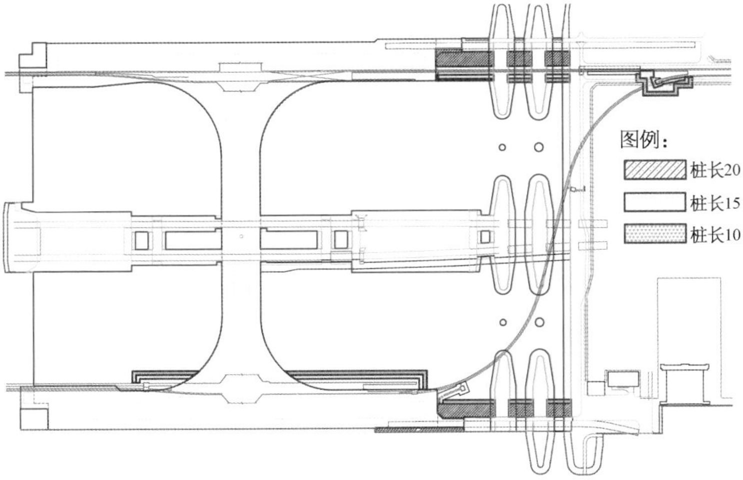

图 1-2 捷运及下穿通道两侧过渡处理区平面图

(2) 过渡段与捷运车站和下穿通道相接处,应统筹考虑施工工序,过渡段水泥搅拌桩应先于基坑围护结构施工或同时施工。

(3) 为避免场道工程与捷运车站和下穿通道相接处产生差异沉降,为减少捷运车站和下穿通道同时对今后场道的差异沉降,设计单位要求在捷运车站和下穿通道两侧设置宽度不小于 20 m、厚度 0.5 m 的钢筋混凝土搭板。

4) 滑行道桥过渡段处理工艺

(1) 为了减小桥梁两侧的差异沉降,采用三轴水泥搅拌桩进行沉降过渡,共分为 23 m、20 m 两个区。滑行道桥过渡处理区平面图如图 1-3 所示。

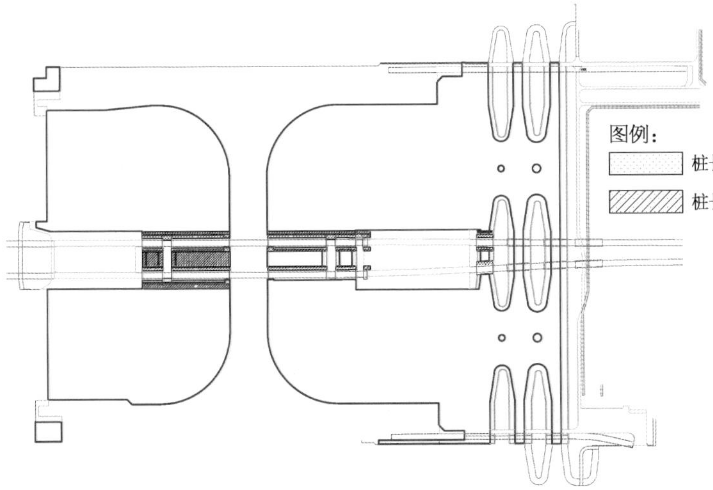

图 1-3 滑行道桥过渡处理区平面图

(2) 过渡段与桥梁相接处,施工时要求搅拌桩应从桥梁边线由近及远推进,避免因水泥搅拌桩施工对桥梁施工产生影响。

1.3 水泥搅拌桩地基处理设计与施工

1.3.1 设计

1）水泥搅拌桩处理范围

为协调不均匀沉降，以下区域采用三轴水泥搅拌桩进行地基深层处理：

（1）下穿通道两侧过渡处理范围（S1—维修机坪及 S2—T4 站坪的下穿通道），平面位置如图 1－4 所示。

（2）捷运车站及明挖区间两侧过渡处理范围，平面位置如图 1－4 所示。

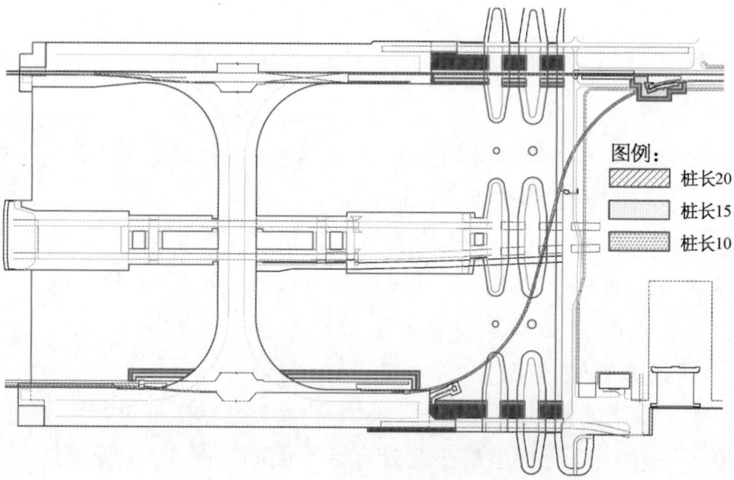

图 1－4 捷运及下穿通道两侧过渡处理范围平面图

（3）滑行道桥过渡处理范围，平面位置如图 1－5 所示。

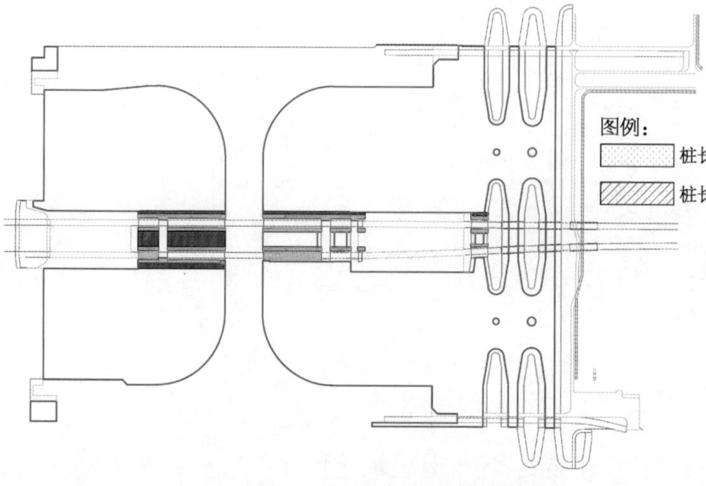

图 1－5 滑行道桥过渡处理范围平面图

(4) 堆载区与现有道面之间处理范围,平面位置如图 1-6 所示。

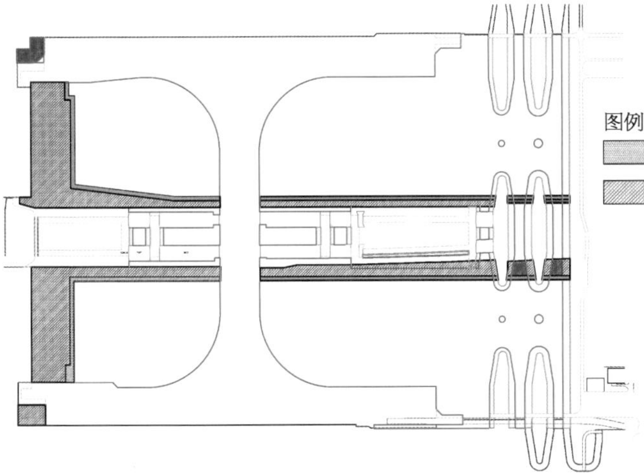

图 1-6　堆载区与现有道面之间处理范围平面图

2) 水泥搅拌桩参数

(1) 单桩桩径: 0.65 m。

(2) 搭接: 0.2 m。

(3) 水泥掺入量: 15%。

(4) 桩长: 采用变桩长的方式进行沉降过渡,桩长参数见表 1-1,分区位置详见上述相关插图。

表 1-1　三轴桩长参数

分　区	桩长(m)	分　区	桩长(m)
S1	23	S3	15
S2	20	S4	10

(5) 布桩方式: 梅花形布置,分别如图 1-7、图 1-8 所示。

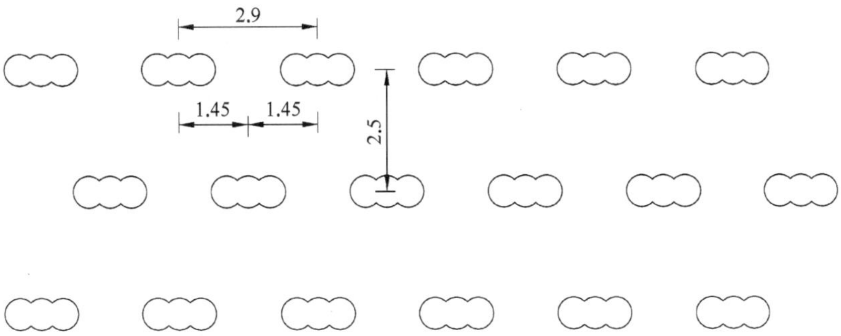

图 1-7　三轴水泥搅拌桩布桩示意图(一)(单位: m)

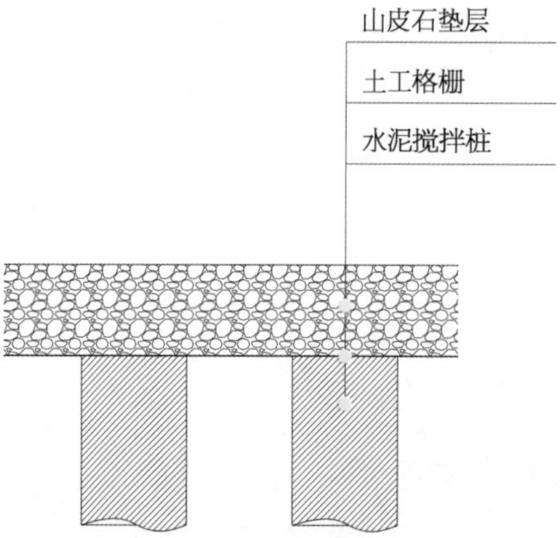

图 1-8　三轴水泥搅拌桩布桩示意图(二)

(6) 水泥标号：42.5 普通硅酸盐水泥。

1.3.2　施工技术要求

(1) 搅拌头翼片的枚数、宽度、与搅拌轴的垂直夹角、搅拌头的回转数、提升速度应相互匹配，以确保加固深度范围内土体的任何一点均能经过 20 次以上的搅拌。

(2) 施工中应保持搅拌桩机底盘的水平和导向架的竖直，搅拌桩的垂直偏差不得超过 0.5%；桩位的偏差不得大于 5 cm；成桩直径和桩长不得小于设计值。

(3) 可根据具体情况选用具有早强、减水等外掺剂，改善施工质量。

(4) 水泥搅拌桩施工钻进速度≤1.0 m/min，为保证桩体含灰均匀性，钻进时不带浆。在钻进的同时，按确定的水泥掺量和水灰比拌制水泥浆，复搅及提升速度≤0.8 m/min。

(5) 要保证每段的水泥浆注入量、搅拌时间。

(6) 水泥搅拌桩成桩以后对桩头不做特殊处理，仅对工作面进行整平处理，待检验合格后，即可进行山皮石垫层施工。

(7) 应详细记录施工过程中的各项参数及特殊情况，记录每根桩的水泥用量、搅拌时间。

1.3.3　施工准备与处理工艺

1.3.3.1　施工准备

1) 技术准备

组织有关技术人员，熟悉施工图纸、搞好图纸内部交底。了解相关专业工种之间的配合要求，进一步理顺专业的施工程序，有条不紊地组织施工。

施工前，技术人员对施工队和施工班组做好全面的书面技术交底，项目部技术负责人组织有关人员，按照本公司要求，做好本项目的质量策划，做好工前安全技术交底。

根据设计图纸，本方案中水泥搅拌桩分为 10 m、15 m、20 m、23 m 四种。

做好有关资料的收集、室内配合比试验和施工工艺设计，计算搅拌速度。

在搅拌桩施工前，应现场钻取土样，按设计要求的掺入比和外加剂做水泥土抗压强度试验。根据水泥土 7 d 龄期的强度推算其 28 d 及 90 d 的强度。

2) 人员准备

每台深层搅拌机械由 4 人(不含机修工电工)组成：

(1) 机长。1 名，负责深层搅拌施工指挥，协调各工序间的操作联系，正确操作搅拌机的下沉、提升、喷浆、停浆等；观察和检查搅拌机运转情况，做好维修保养工作。

(2) 司泵工。1 名，负责指挥灰浆制备、泵送系统的正常运转，做好水泥浆制备设备保养，负责输浆管路的清洗。

(3) 拌浆工。2 名，依据设计要求，测定搅拌桩每延米的灌浆量；发现停浆时立即通知班长，采取补救措施；同时记录施工中的各种数据，复查桩位、水泥浆配比，按水泥搅拌桩施工工艺标准正确记录当日施工情况。按设计配合比制备水泥浆，并按照司泵工的指挥，将水泥浆倒入集料斗中。

另外，每套机械应配备一名机修工和一名电工，保证整套机械和现场施工的正常进行。

为确保现场施工管理正常运行，在深层搅拌施工期间，应配备如表 1-2 所示的管理人员。

表 1-2 施工管理人员配备

序号	工 种	职 责
1	项目经理	施工全面管理
2	技术负责人	现场全面管理
3	施工员	现场施工技术管理
4	测量员	现场测量放线
5	质量员	负责原材检测、质量管控
6	试验员	负责原材检测、质量管控
7	安全员	现场施工安全管理
8	资料员	现场施工资料

3) 物资准备

在施工前，根据施工进度制订切实可行的材料供应计划，提前进行抽样检查，合格后签订供应合同并按物资供应计划组织供应，在施工中根据实际进度对材料供应实行动态管理。

4) 施工机械配备

主要施工机械应根据工程量及工期要求配备，见表 1-3。

表 1-3 主要施工机械

序号	设备名称	规格型号	数 量	功率/产能
1	步履式桩机	JB160A	若干	370 kW
2	灰浆搅拌机	ZYJ	若干	120 kW

5）工艺性试桩

正式施工前应进行工艺性试桩，通过工艺性试桩确定最佳的喷搅次数、泵送压力、搅拌机提升速度、下钻速度以及复搅深度等参数，以指导下一步水泥搅拌桩的大规模施工，每种类型试桩数量不少于5根。

1.3.3.2　施工工艺

1）水泥搅拌桩施工工艺流程

水泥搅拌桩施工工艺流程如图1－9所示。

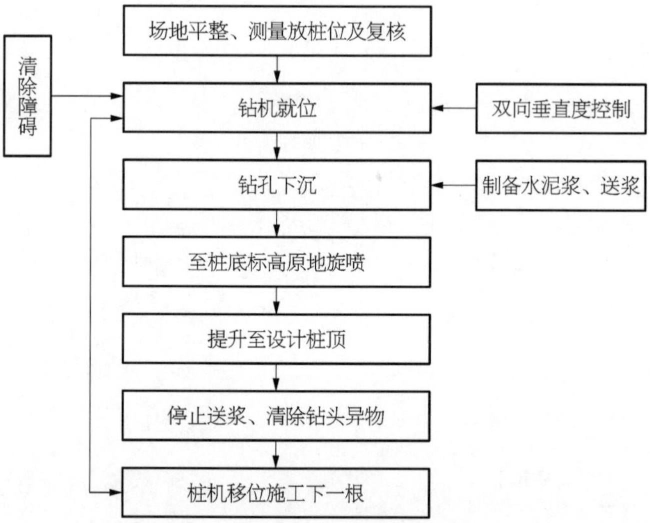

图1－9　水泥搅拌桩施工工艺流程

2）施工步骤及工艺要求

（1）场地平整。搅拌桩施工前，先对场区坑洼、起伏的位置采用人工配合挖掘机进行整平，并碾压，以确保场地无坑洼、起伏，同时避免在装机就位、移动时出现倾斜、摇摆现象。

（2）放线定位。根据设计桩位平面布置图进行现场放样并编号，放样采用全站仪定出每组桩的桩位，桩位处地面钉设不易更改的标记（现场一般采用竹片桩和石灰粉），每根桩的桩位误差为±50 mm，放样成果报监理工程师验收复核，确定无误后方可施工。

（3）桩机就位。当搅拌桩机到达作业位置后，由当班机长指挥，将桩机移位至桩位位置，移动前仔细观察现场场地情况，确保移位过程中桩机平稳、安全；待桩机就位后，认真检查定位情况并及时纠正，桩位偏差不大于50 mm，同时采用2台经纬仪双向检查钻杆与地面垂直角度，确保搅拌桩垂直偏差不超过0.5％。

（4）制备水泥浆。本工程水泥搅拌桩水泥掺入量15％，单桩桩径0.65 m，搭接0.2 m；水泥使用强度等级为42.5的普通硅酸盐水泥。计算出每米搅拌桩的水泥用量，根据设计要求的参数拌制水泥浆。利用后台搅拌桶上的电子秤，在每桶浆液拌置过程前，按照水泥和水的理论用量分别对水泥和水进行称重。同时辅以拌筒上的刻度位置进行二次复核；制备好的水泥浆滞留时间不得超过 2 h。

施工时由现场管理人员对每根桩拌制的泥浆进行比重检测，每根桩不少于 2 次，并在现场做好原始记录并签字。严格控制水泥浆比重，对每盘浆液抽检，检测合格的浆液方可泵送。

(5) 第一次下沉喷浆搅拌。启动搅拌机，待搅拌头转速正常后，放松起重机钢丝绳，使搅拌机沿导向架边搅拌、边切土下沉。开启灰浆泵，边旋转搅拌边喷浆下沉，喷浆下沉速度控制在≤1.0 m/min，喷浆搅拌下沉时间不少于设计时间，使浆液和土体充分拌和。钻头下沉至设计深度位置时，停止钻进，原地喷浆。喷浆压力控制在 0.4～0.5 MPa。

(6) 第一次提升喷浆搅拌。水泥深层搅拌桩机下沉到设计深度后，在桩底部停留 30 s 喷浆搅拌，之后边旋转搅拌钻头边喷浆提升，提升速度控制在≤0.8 m/min。

(7) 详细记录施工过程中的各项参数及特殊情况，记录每根桩的水泥成桩后用量及搅拌时间，完成关闭送浆泵，移机至下一桩位进行施工。

1.3.3.3 现场质量控制要点

(1) 桩位偏差不大于 50 mm。

(2) 桩间搭接不小于 0.2 m。

(3) 桩机垂直度偏差不超过 0.5%。

(4) 浆液储量应不少于一组桩的用量，否则不得进行下一组桩的施工。

(5) 搅拌桩机每次下沉或提升的时间必须有专人记录，时间误差不得大于 5 s。

(6) 严格控制钻机下钻深度、浆喷高程及停浆面，确保浆喷桩长度和水泥浆液喷入量达到设计要求，桩长不得短于设计桩长，全桩水泥用量不得小于试桩时确定的水泥用量。每米用浆量误差不得大于 5%。

1.3.3.4 水泥搅拌桩质量检验

(1) 成桩 7 d 后，浅部开挖桩头(深度宜超过停浆面下 0.5 m)，目测检查搅拌的均匀性，测量成桩直径，检测桩数为总桩数的 1%。

(2) 成桩 28 d 后，采用双管单动取样器钻取芯样做水泥土抗压强度检验，每根桩取出的芯样由监理工程师现场指定相对均匀部位，送实验室做 28 d 龄期无侧限抗压强度试验，检测桩数为总桩数的 0.5%。

(3) 成桩 28 d 后，用标准贯入试验检查桩身，沿桩体深度方向每隔 1.5 m 进行一次标准贯入试验，标准贯入击数根据试桩结果确定，检测桩数为总桩数的 0.5%。

(4) 在 28 d 后进行单桩静载荷试验和复合地基静载荷试验，检验数量不少于总桩数的 0.5%，单桩静载荷试验占 2/3，复合地基静载荷试验占 1/3，单桩承载力及复合地基承载力根据试桩结果确定。

1.3.3.5 特殊情况处理

(1) 施工中有异常，如遇无法达到设计深度，以及碰到地下管线无法按设计走向施工时，应及时与业主、设计、监理共同协商，确定解决办法。

(2) 施工过程中，如遇到临时停电或特殊情况造成停机导致成桩无法连续施工时，应将水泥搅拌桩机下降至停浆点以下 0.5 m 处，待恢复供浆时再喷浆钻搅，如因故停机时间达到 2 h 或 2 h 以上时，应先拆卸输浆管路并清洗干净，以防止浆液硬结堵管。

(3) 加强现场检测，如发现地面开裂、沉降加速等情况，应立即停止施工，并采取有效措施，经现场监理确认安全后，及时与业主、设计、监理共同协商解决办法，待处理方法确认后，方可继续施工。

1.3.4 三轴水泥搅拌桩实施效果

本工程三轴水泥搅拌桩地基处理量比较大，总量达 461 718 m，其中23 m 桩 57 776 m、20 m 桩 389 660 m、15 m 桩 18 255 m、10 m 桩48 090 m。在施工过程中，各参建方加强了对三轴水泥搅拌桩的监督检测力度，为优质工程打下了良好基础，最终检测结果各项指标均符合设计及规范要求，具体见表 1-4。

表 1-4 三轴水泥搅拌桩地基处理各项检测一览表

序号	数量(幅)	检测项目	应测数	实测数	合格组数	检测频率	合格率
1	总量 28 020 幅。其中，23 m 桩 2 512 幅；20 m 桩 19 482 幅；15 m 桩 1 217 幅；10 m 桩 4 809 幅	桩体强度	143	152	152	1 组/200 幅	100%
2		承载力	143	160	160	1 组/200 幅	100%
3		桩顶标高	1 403	1 485	1 485	5%	100%
4		桩底标高	28 020	28 020	28 020	施工记录	100%
5		桩桩间距偏差	1 403	1 480	1 458	5%	98.5%
6		桩径	1 403	1 480	1 436	5%	97.0%
7		搭接	1 403	1 480	1 485	5%	100%
8		垂直度	28 020	28 020	28 020	施工记录	100%

注：承载力包括单桩竖向承载力和复合地基承载力；其中，单桩静载荷试验占 2/3，复合地基静载荷试验占 1/3。

第2章
飞行区道面滑模施工技术与应用

道面滑模摊铺施工技术是我国近几年发展起来的一项新技术，其能充分发挥机械化的优势，一次性完成布料、摊铺、振捣密实、挤压成型、抹面等工艺，减少了人为施工误差，加快了施工速度，保证了工程质量。

机场道面施工质量的好坏，将直接影响今后机场运营的安全与否，确保机场道面质量是百年大计。本章重点介绍在浦东机场三期扩建港湾机坪施工过程中，通过采用先进的滑模施工机械设备，改进了施工工艺和完善了工程质量监控措施，并取得了良好的效果。

2.1 道面平面布置与结构设计

2.1.1 港湾机坪道面平面布置

本期新建道面工程主要包括如下四个方面：一是“工”字形卫星厅的南北四块港湾机坪，这四块机坪按照E类标准设计，各设计两条E类机位滑行通道；二是在卫星厅南侧新建三条东西向的联络滑行道，其中靠近卫星厅的一条滑行道作为机位滑行通道使用、按照E类标准设计，其余两条滑行道按照F类标准设计；三是现有一跑道平滑系统的改造，增加了两个从一跑道平滑通向卫星厅的道口，按照F类标准设计，并增加了一条服务于远机位的服务车道；四是现有专机坪远机位改造为卫星厅的近机位后，标志线工程的整改设计，以及因管线、高杆灯的增设而进行的道面拆除及恢复工程。

另外，在2号卫星厅(以下简称“S2”)南侧配套捷运维修基地建设两条南北向的服务车道，以满足相关服务车辆的运行。在卫星厅南北两侧的进场路中间分别设置两块停车场，以满足服务车辆的停放要求。

根据《民用机场飞行区技术标准》中的规定，相关道面宽度设计如下：F类滑行道直线部分道面宽25 m，其两侧道肩各宽17.5 m，总宽60 m；E类滑行道直线部分道面宽 23 m，其两侧道肩各宽 10.5 m，总宽 44 m。滑行道增补面是按照飞机驾驶舱保持在滑行道中线标志上的原则进行设计的，设计过程中采用各种典型设计机型(B747－400、B747－8、A340－600、A380 等)模拟计算了各种弯道处的飞机滑行轨迹，并据此确定增补面尺寸。

新建卫星厅及港湾机坪效果图如图 2－1 所示。

图 2－1　新建卫星厅及港湾机坪效果图

2.1.2　道面结构设计

道面各结构层设计强度如下：道面面层水泥混凝土设计 28 d 抗弯拉强度为 5.0 MPa，道面水泥碎石上基层设计 7 d 浸水抗压强度为 4.0 MPa、下基层设计 7 d 浸水抗压强度为 3.0 MPa。道肩面层水泥混凝土设计 28 d 抗弯拉强度为 4.5 MPa，基层设计 7 d 浸水抗压强度为 3.0 MPa。

42 cm 厚水泥道面的 PCN 值：PCN/104/R/B/W/T。

36 cm 厚水泥道面的 PCN 值：PCN/74/R/B/W/T。

道面的主要分块尺寸为 5 m×5 m、5 m×4.5 m、5 m×4.0 m，道肩的主要分块尺寸为 2.5 m×2.5 m。

具体道面结构设计见表 2－1 和图 2－2、图 2－3 所示。

表 2－1　主要道面结构层设计

部　位	结　　构
E 类、F 类滑行道及机位站坪	42 cm 厚水泥混凝土板 20 cm 厚水泥碎石上基层 20 cm 厚水泥碎石下基层

（续表）

部　　位	结　　构
桥梁之间的部分 E类滑行道	5 cm 厚 AC－16 SBS 改性沥青混凝土 7 cm 厚 AC－20 SBS 改性沥青混凝土 8 cm 厚 AC－25 沥青混凝土 1～2 cm 厚同步改性沥青碎石封层 20 cm 厚水泥稳定碎石 20 cm 厚水泥稳定碎石 20 cm 厚级配碎石
桥梁之间的部分 E类滑行道的道肩	8 cm 厚 AC－16 沥青混凝土 1～2 cm 厚同步沥青碎石封层 20 cm 厚水泥稳定碎石
C类机位站坪	36 cm 厚水泥混凝土板 20 cm 厚水泥碎石上基层 20 cm 厚水泥碎石下基层
机头减薄部位	28 cm 厚水泥混凝土板 20 cm 厚水泥碎石上基层 20 cm 厚水泥碎石下基层
滑行道道肩	14 cm 厚水泥混凝土板 1～2 cm 石屑隔离层 18 cm 厚水泥碎石基层
沥青混凝土服务车道 沥青混凝土停车场	5 cm 厚 AC－16 改性沥青混凝土 8 cm 厚 AC－25 沥青混凝土 1～2 cm 厚同步改性沥青碎石封层 20 cm 厚水泥碎石上基层 20 cm 厚水泥碎石下基层

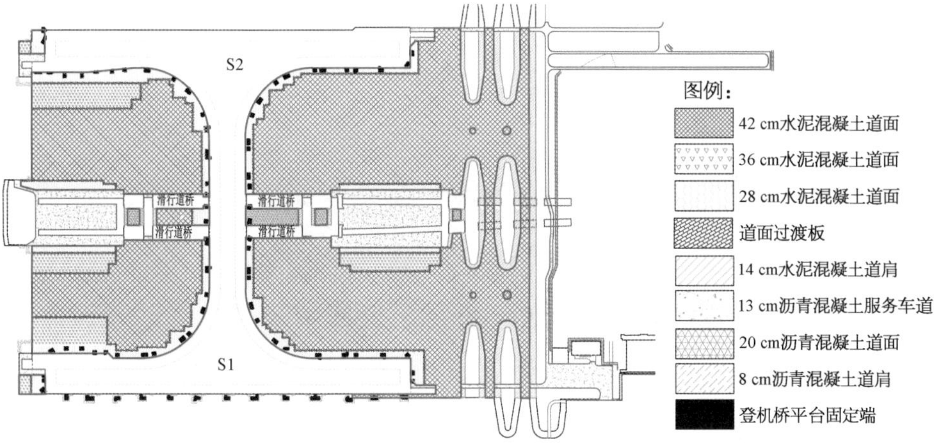

图 2－2　港湾机坪道面平面布置图

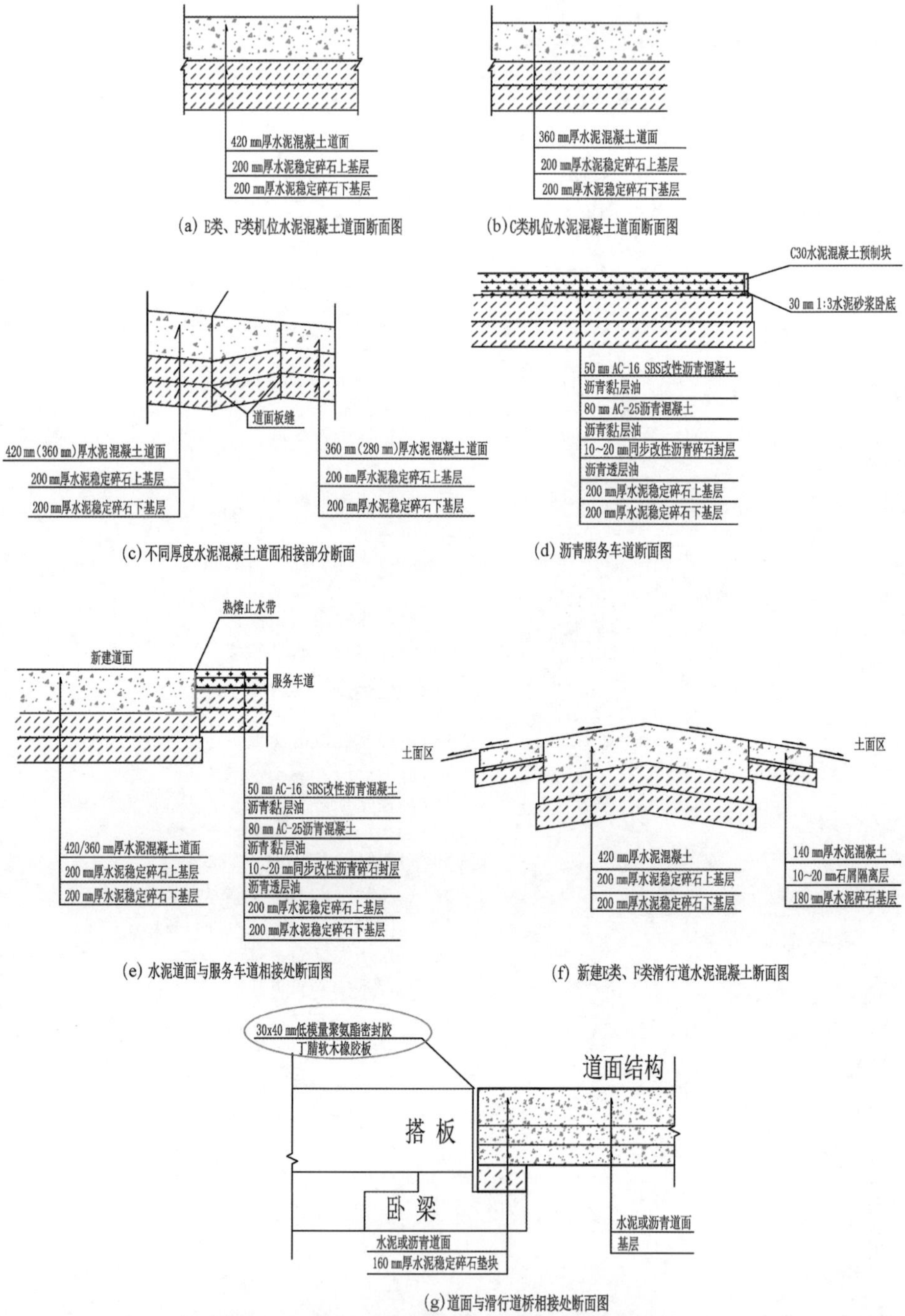

图 2－3　港湾机坪不同功能区断面图

2.2　水泥混凝土道面新设备、新工艺的应用

2.2.1　道面滑模施工概述

1）道面滑模施工区域规划

本次港湾机坪工程分为两个标段，由于是首次在浦东机场使用，指挥部选择

在一标段南港湾使用该工艺，本次使用该工艺的主要是厚度为 42 cm 混凝土道面板块。

2）滑模摊铺工艺原理

本项目滑模摊铺机采用 SP500 型滑模摊铺机，SP500 型滑模摊铺机沿着仓位基准线设定的方向和高程前行，混凝土拌和料进入仓位模板中，滑模摊铺机的螺旋布料器将混凝土混合料均匀地满布于控制板前部，利用振动仓内的多根振动棒将混凝土振捣密实，同时排放混凝土混合料中的气泡，然后再利用挤压底板设置的前仰角形成的挤压力将混凝土挤压得更加密实，同时挤压出混凝土道面的标准断面、光滑的外观和良好的纵横向平整度；随后的自动搓平梁消除表面上的小气泡及石子儿拖动带来的小缺陷，并起到部分提浆作用，保证道面有优良的纵横向平整度。

3）滑模设备参数

SP500 型滑模摊铺机为德国进口。采用 SP500 滑模机 + 立模的方式进行混凝土道面施工，滑模摊铺机相关参数见表 2－2，摊铺机如图 2－4 所示。

表 2－2 滑模摊铺机参数

型　　号	SP500 型滑模摊铺机
发动机	道依茨 TCD 2012 L06 2V
额定功率（当转速为 2 100 r/min 时）	129.4 kW/174 HP/176 PS
排放标准	US Tier 3，2004/26/EC Stage IIIA
摊铺宽度	2.0～6.0 m
最大摊铺厚度	500 mm
燃油箱	350 L
水箱	475 L
摊铺速度	0.8～1.5 m/min
行驶速度	5～8 m/min
振捣频率	10 000～12 000 次/min

图 2－4 滑模摊铺机示意图

2.2.2 道面滑模施工工艺

2.2.2.1 施工工艺流程

施工工艺流程如图 2－5 所示。

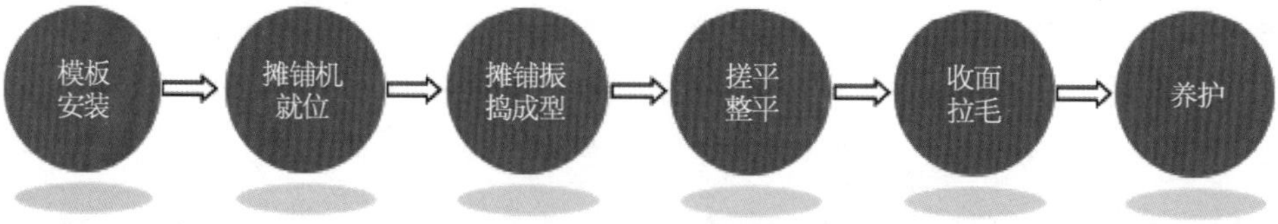

图 2－5 施工工艺流程图

2.2.2.2 施工工艺操作要点

1) 模板安装

(1) 模板采用阴企口钢模板，5 mm 厚的钢板一次冲压成型，模板规格与数量根据道面结构尺寸及相应工程量决定。

(2) 模板支立准确、稳固，接头紧密平顺，不得有前后错茬和高低不平等；模板接头和模板与基层接触处，均不得有漏浆现象。

(3) 模板安装好后，用水准仪进行检查、调整，模板调整完毕后，在模板内侧涂刷隔离剂以利于拆模。

(4) 模板的支撑采用花兰螺杆的形式，并用钢钎加以固定；每块模板支撑为 6 个，以保证其刚度和稳定性；斜支撑长度不应过长，避免滑模机在行进时碰触斜支撑，从而导致高程及尺寸变化。模板支撑示意图如图 2－6 所示。

图 2－6 模板支撑示意图

(5) 模板内受高频振动棒组的强烈作用，同时挤平梁对振动密实后的混凝土料还有个挤压密实的作用，混凝土料对模板有巨大的多向作用力，因此，要求模板支护牢固可靠。模板的支设应考虑可方便施工，另外在施工过程中模板不变形、不跑位、不上浮。本工程模板采用三脚架支撑或上下两螺杆支撑系统，每块模板（每块模板长 5 m）中部加 2～3 根钢钎以防止上浮，模板底部用砂浆封堵以防跑浆。

(6) 道面混凝土铺筑时，先对模板进行检查复核，其平面位置、高程等要符合设计要求，模板支撑件必须稳固、模板企口部位要对齐。在混凝土铺筑施工时，设专人负责检查，如果发现模板出现变形、模板位置有位移等情况时，及时派人进行修整纠偏。

2）摊铺机就位

滑模机进入仓位后，首先调整摊铺机四个履带到左右侧模的距离，使左右两侧的四个履带与侧模平行，再调试四个履带的电阻值，使摊铺机行走时与右侧导轨的距离保持一致（导轨与右侧模板的距离为 300 mm，采用一侧设置导轨，另一侧可依托已支撑好的模板顶面），导轨的标高与模板顶面标高一致（模板顶面标高同设计道面标高一致，采用水平仪控制模板标高），通过右侧两个方向传感器，将摊铺机与侧模的距离设定好；根据一侧模板的高程及另一侧通过四个高水平传感器，将摊铺机挤压底板调整到同模板顶面标高一致，来回行走 1～2 次，确定无误后，方可进行摊铺。

本项目采用跨模施工工艺，即采用单侧导轨进行控制，另一侧在模板的上部运用滑靴进行控制。因为有模板控制所浇混凝土板块的高程和空间定位，只须调整各运动部件在工作中不碰到模板即可。导轨标高控制示意图如图 2－7 所示，高程控制示意图如图 2－8 所示。

图 2－7　导轨标高控制示意图

图 2－8　高程控制示意图

在填仓施工时，导轨只做导向作用，摊铺时滑靴直接接触相邻两侧道面，将相邻道面高程反馈回电脑，以此控制填仓板块高程。

摊铺机行走到工作面端头，设定机器的高度、方向和振捣频率，调好摊铺机仰角，挤压底板前倾角宜设置为 3°左右，检查高程感应器是否工作。

3）摊铺、振捣成型

混凝土混合料运输车直接卸在基层上，水泥混凝土混合料倾倒在摊铺机前，由挖掘机进行初步布料，设专人指挥自卸车卸料，使摊铺机前的待铺混凝土混合料分布均匀。螺旋布料器或布料犁对摊铺机前的混合料进行均匀二次布料，使摊铺机前推料阻力均匀。在摊铺机前卸料过多时，采用挖土机将其铲走，防止因摊铺机阻力过大影响平整度；在摊铺机前缺料时进行填补，以保证施工的连续性。根据施工经验，本工程混凝土混合料虚铺厚度为 51 cm（混凝土板设计厚度为42 cm）。

滑模机在仓内混凝土摊铺充足后开机行进，开始行进时重复校准高程感应器，并核验松铺系数。通过铝合金尺检测铺设平整度，并及时调整机械姿态。布料器进行布料，然后提升计量门达一定高度，将机器朝前开，直至振动棒插入混凝土中。开动振动棒，保持混凝土振动仓内均布。

该摊铺机所配的振动棒规格为 ϕ76，振捣频率为 10 000～12 000 次/min，振幅 3 mm。调整振动棒的间距以确保两棒间振动能量的叠加，每个振动棒的影响半径为 50 cm，因此，本工程振动棒的间距设定为 35 cm，靠近两侧边振动棒与模板的距离为 15 cm，以保证侧边良好成型。填料、摊铺示意图如图 2－9 所示，整齐排列的振捣棒如图 2－10 所示。

图 2－9　填料、摊铺示意图

图 2－10　整齐排列的振捣棒

摊铺机开始缓慢匀速向前行驶，行驶速度在 1.0 m/min，具体行驶速度根据混凝土提浆及整平情况而定。本工程振捣频率为 11 000 次/min。

根据混凝土的稠度大小随时调整振捣频率或速度，防止过振、欠振或漏振。当料过干时，应当加大振捣频率、减小摊铺速度，防止欠振造成的不密实、麻面，影响平整度。当料稀时，应当降低振捣频率、提高摊铺速度；摊铺机起步时应先开启振捣棒振捣 2～3 min，再缓慢平稳推进。摊铺机待机或脱离混凝土后要立即关闭振捣棒组。

4) 搓平、平整

(1) 搓平。滑模机上的搓平梁在整个摊铺宽度上反复搓动混凝土表面，使得混凝土表面进一步揉实，并且使表面呈现厚度均匀、干湿一致的薄浆层，满足拉毛施工。搓平梁的后沿应比挤压底板后沿低 1～2 mm，并与道面高程相同(模板顶面)。挤压底板的前倾角设置为 3°左右。经挤平梁作用后的混凝土表面，一般为较均匀的带略富砂浆面，有些也会有局部小凹坑，这就需要靠搓平梁来修复局部缺陷，而缺陷的修复主要靠搓平梁前部形成的浆圈来实现。搓平梁揉浆示意图如图 2－11 所示。

(2) 平整。滑模机上的超级抹平器，是滑模机对混凝土表面的最后处理；为了进一步平整道面、改善表面质量，超级抹平器在混凝土道面复返浮动抹面；由两个液压泵按“Z”字形做横向移动和小幅度纵向抹面。

机械抹平后，板边部位采用人工加强找平，使得边口平整度与板中一致。经过搓平梁的作用，搓掉混凝土表面富余的砂浆。砂浆成卷随搓平梁向前，消除表面上的小气泡及石子儿拖动带来的小缺陷(砂浆卷见图2-11)。此时由于砂浆的移位,加之搓平梁运动轨迹的影响,混凝土表面易形成横向条纹,利用抹平板的揉浆作用,消除横向条纹、促进表面砂浆的均匀性,提高表面强度,克服表面微裂现象。超级抹平器示意图如图2-12所示。

图2-11 搓平梁揉浆示意图

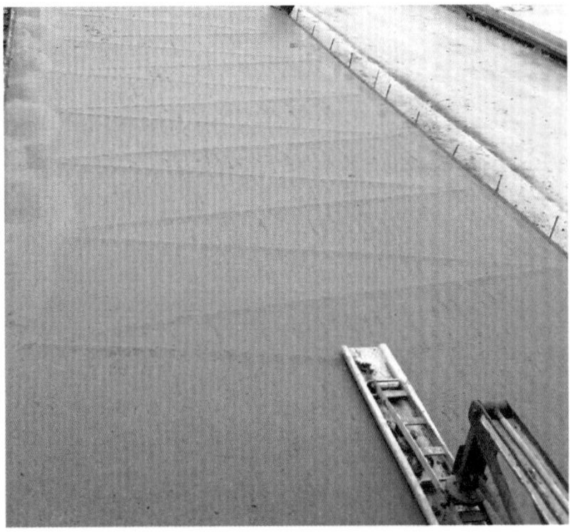

图2-12 超级抹平器示意图

5) 收面、拉毛

(1) 收面。为进一步确保施工完毕后混凝土表面的平整以及拉毛的均匀,弥补机械施工过程中的板边薄弱部位,人工配合进行收面,再采用1道木抹、1道铁抹工艺,确保表面平整。人工收面示意图如图2-13所示。

图2-13 人工收面示意图

图2-14 人工拉毛示意图

(2) 拉毛。根据设计要求的纹理深度,采用自制拉毛刷,专业人工一次拉毛成型。拉毛时机与气温、风力及混合料的坍落度等因素有关,掌握好拉毛时间,不宜太早或太迟。拉毛时人工拉毛示意图如图2-14所示。

6) 养护

混凝土道面板拉毛完成后,立即实施早期养护(覆盖土工布或者喷洒养护剂)，以防风吹日晒，导致道面龟裂、假凝等现象。每天均匀洒水，洒水次数应根据天气情况，以保证覆盖物在养生期间内始终处于潮湿状态，养生期不少于 14 d。

2.3 施工管理

2.3.1 严把原材料质量关

为确保道面的强度和外观颜色一致，便于控制和管理，对道面的材料做到“三个统一”“一个加强”：

统一采用安徽铜陵市海螺水泥有限公司生产的“海螺牌”52.5 Ⅱ 型硅酸盐水泥；统一采用江西九江市星子杜家垅砂石厂的中粗砂；统一采用江西湖口县大垅乡邹涧采石场生产的碎石。

加强检测的统一管理，原材料、半成品的质量检测均由上海建科检验有限公司负责。

2.3.2 道面混凝土质量控制与管理

2.3.2.1 精心设计配合比

水灰比是混凝土配合比设计中的一个关键参数，选用得当与否，直接影响道面混凝土的强度。水灰比太小，和易性差，难以施工；水灰比太大，混凝土中孔隙较多，很难保证混凝土的抗折强度。本工程试验段水灰比为 0.37，经试验段施工，发现在横坡(1%)板块施工过程中，有赘浆现象发生，经技术攻关将水灰比调整为 0.35，从而满足了施工质量要求。

2.3.2.2 加强对砂、石料的管控

对于砂石料采取采石场、采砂场及进场双向检测，同时在材料堆场设置已检区、待检区，对检测不符合要求的材料及时退场；为确保砂石料的质量，对检测合格的碎石在材料堆场单独设立一个洗石区，使用前采用洗石机进行再次冲洗，如图 2-15 所示；对中粗砂使用前采用筛砂机进行再次过筛，确保砂石料百分之百地符合规范要求，如图 2-16 所示。

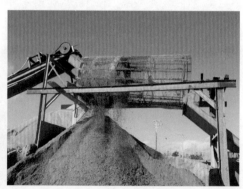

图 2-15 碎石冲洗

图 2-16 中粗砂过筛

2.3.2.3 道面平整度的控制措施

1) 模板质量的控制

本项目模板采用阴企口钢模板,5 mm 厚的钢板一次冲压成型,模板支立准确、稳固,接头紧密平顺,模板安装好后,用水准仪进行检查、调整。

模板的支撑采用花兰螺杆的形式,并用钢钎加以固定;由于模板内受高频振动棒组的强烈作用,同时挤平梁对振动密实后的混凝土料挤压密实的作用,混凝土料对模板有巨大的多向作用力,每块模板支撑为 6 个,以保证其刚度和稳定性;斜支撑长度不应过长,避免滑模机在行进时碰触斜支撑,导致高程及尺寸变化。

每块模板中部加 2～3 根钢钎以防止上浮,模板底部用砂浆封堵以防跑浆。

施工过程中设专人对模板进行检查(重点:高程、位移、漏浆),发现问题及时处理。

2) 拌和质量的控制

搅拌站采用计算机控制的电子称重自动搅拌机组,严格按配合比进行控制,同时对搅拌站及施工现场定时与不定时进行混合料的质量检测,维勃稠度值控制在 16～18 S,如图 2-17、图 2-18 所示。

图 2-17 现场维勃稠度抽检

图 2-18 搅拌站抽检

3) 现场质量的管控

试验段施工时,发现在横坡(1%)板块施工过程中,由于搓平梁的作用,搓掉混凝土表面富余的砂浆;同时由于砂粒的移位,加之搓平梁运动轨迹的影响,板表面有赘浆现象发生,成型后造成平整度及相邻板高差发生变化,经分析并且采取了技术措施,有效地解决了问题。

经分析,在施工阶段由于浦东机场区域受海洋天气的影响,早、晚时段与中午时段温差较大,并且风力较大,拉毛时机难以把控,是产生赘浆的主要原因。

采取的措施如下:

(1) 配合比优化。将混凝土混合料的水灰比由 0.37 调整为 0.35,减少水泥浆的流动性,调整后的混合料能满足施工质量要求。

(2) 拉毛方向的调整。施工人员站在上坡方向,由下坡向上坡进行拉毛,避免了人为产生赘浆现象。

(3) 拉毛时机的把控。根据气温、风力风向、施工时段准确把控拉毛时机。

(4) 调整摊铺机后面两个水平传感器的位置,使其与搓平梁接近,减少误差,消除搓平梁运动轨迹的影响。

(5) 根据现场混合料的维勃稠度值,适当调整摊铺机的施工速度和振捣频率,干时应慢,稀时应快,速度控制在 1.0～1.2 m/min,振动频率控制在 10 000～12 000 Hz。

(6) 安排专人刮除表面,特别是边角(下坡边角)处富余的水泥浆。

经采取上述措施后,赘浆现象得到了有效控制。因此,在浦东区域特定的环境下,对于横坡在 1%以上的板块施工过程中,滑模摊铺速度控制在 1.0～1.2 m/min,振动频率控制在 10 000～12 000Hz,凝土混合料的水灰比采用 0.35,拉毛由下坡向上坡进行,施工质量完全能得到保证。

2.3.2.4 双层钢筋网道面板的控制措施

根据设计要求,在道面板下部有地下管网的区域,道面板采用双层钢筋网进行道面补强。作业前,将计量门提升(虚方控制板)至最高位置,使混凝土混合料尽量多地进入振动仓内,同时将振捣棒提升至上层钢筋网片上部,最低点(振捣棒前端)距上层钢筋网片 30 mm 以上,避免同钢筋网片相碰,影响振捣棒的寿命及振捣效果。

随着摊铺机的工作,逐渐降低计量门(虚方控制板),使振动仓内混凝土液位控制在成型后道面板顶部以上 15 cm 左右的位置,确保整个振捣棒埋入混凝土混合料中,施工过程中加强观察,避免振捣棒暴露在混凝土混合料外面、影响振捣棒的寿命。

2.3.2.5 灯坑区域的控制措施

由于目前灯坑的模具高度同成型后道面板顶部一样高,造成摊铺机中的振捣棒无法振捣。为防止振捣棒对灯坑的影响,行驶到该部位时,将振捣棒提升至灯坑模具顶部,同时该部位采用人工振捣。

2.3.3 施工质量控制措施

(1) 滑模施工的端头处理,可分为先支端头板和后支端头板两种方法(以下分别简称“先支法”“后支法”)。先支法就是在所浇仓面的前后端头,先立好封头板,摊铺机的工作高程依靠两侧铝合金导轨顶面的高程控制进出两封头板。此方法适用于有钢筋网、振动棒布置在较高位置时的混凝土板块施工。

后支法就是在摊铺机滑模板尾部行进至分块端缝位置后,支护端模板和两侧的短模板,并人工补料、振捣和做面。

(2) 模板的支护混凝土料在模板内受高频振动棒组的强烈作用,同时挤平梁对振动密实后的混凝土料还有个挤压密实的作用,混凝土料对模板有巨大的多向作用力,因此,要求模板支护牢固可靠。模板的支护一方面应考虑可方便对模板进行调整(直线性及高程),另一方面在施工过程中模板不变形、不跑位、不上浮、不下沉。本工程采用三脚架支撑或上下两螺杆支撑,中部加2～3根钢钎以防止上浮,模板底部用砂浆封堵以防跑浆。

(3) 填仓施工时,因左右两侧混凝土块面已成形,施工工艺相对较简单,要特别注意摊铺机所跨的混凝土块面应有一定的龄期,达到一定的强度(设计强度的75%),防止压坏已成形的块面。为防止摊铺机在道面上行走,对已完成的道面表面造成损伤,在两侧履带行走处各设置一条20 mm厚的橡胶板。

在填仓施工时,导轨只做导向作用,摊铺时滑靴直接接触相邻两侧道面,四个高度传感器将相邻道面高程反馈回电脑,以自动控制填仓板块高程。填仓施工示意图如图2-19所示。

图2-19 填仓施工示意图

图2-20 填仓两侧清理示意图

填仓施工会造成两侧道面板上有局部水泥浆,应及时安排人员清理。填仓两侧清理示意图如图2-20所示。

(4) 摊铺机的清洗每班结束后,应用高压水枪彻底清洗摊铺机所有接触混凝土的部位,防止混凝土凝结后卡死各运动部件。

(5) 由于本工程道面有1%的纵横坡,在横坡施工时,由于搓平梁来回搓动,表层水泥浆容易向低坡面流动,造成相邻板高差。为克服这一问题,采取了以下两个措施:

① 拉毛时,毛刷由低侧向高侧进行;

② 严格控制混凝土混合物的维勃稠度,控制在16～19 S之间。

2.3.4 施工安全保证措施

(1) 根据滑模机械化施工的特点,做好安全生产和保卫工作。施工前,应对施工人员进行安全生产教育,树立安全第一的思想。

(2) 加强交通安全管理。施工现场必须做好交通安全工作,在交通繁忙的路口应设立标志,并有专人指挥;夜间施工,路口及基准线附近应设置警示灯或反光标志,专人管理灯光照明,作业人员应穿反光背心。

(3) 加强用电安全管理。施工机电设备应有专人负责保养、维修和看管,确保安全生产；施工现场的电线、电缆应尽量放置在无车辆、人通行的部位，且必须架空布设。

(4) 安全防护。现场操作人员必须按规定佩戴防护用具；填缝材料、标志标线操作时，其防毒、防火等应按有关规定严格执行。

(5) 滑模施工安全生产规定如下：

① 施工过程中，应制定搅拌楼、运输车辆、滑模摊铺机及其辅助机械设备的安全操作规程，并在施工中严格执行。

② 在搅拌楼的拌和锅内清理黏结混凝土。无电子监控的搅拌楼，必须有两人以上方可进行，一人清理，一人值守操作台。有电子监控的搅拌楼，必须打开监控设备，搅拌楼机械上料时，在铲斗及拉铲活动范围内，人员不得逗留和通过。

③ 运输车倒退时，车辆应鸣后退警报，并有专人指挥和查看车后。

④ 施工中，布料机支腿臂、松铺高度梁和滑模摊铺机支腿臂、搓平梁、抹平板上严禁站人及操作；夜间施工，在滑模摊铺机上应有明亮的照明和明显的示警标志，滑模摊铺机停放在通车道路上，周围必须设置明显的安全标志，夜间应用红灯警示。

⑤ 施工中所有的机械设备禁止操作人员擅离操作台，严禁吸烟和任何明火。

2.3.5　环境保护措施

(1) 施工现场设置清晰、整齐的标志标牌，施工机械设专人指挥和管理，施工现场、施工道路路容、路貌整洁有序。

(2) 搅拌楼、运输车辆以及摊铺机的清洁污水，不得随意排放，每台搅拌楼均设置专门的沉淀池。

(3) 搅拌站内的材料堆放应分类、有序。

(4) 废弃的混凝土、基层残渣应集中堆放处理。

(5) 加强对施工材料运输管理，严防运输过程中出现漏、洒现象，施工道路及时维修、清扫，确保道路畅通、平整，根据天气情况及时洒水降尘，同时对搅拌站料场的原材料进行覆盖。道路清扫如图 2－21 所示，原材料覆盖如图 2－22 所示。

图 2－21　道路清扫示意图

图 2－22　原材料覆盖示意图

(6) 现场使用的机械设备，尽量减少噪声污染；施工现场的噪声，应符合国家的有关规定。

(7) 拌和楼的粉料罐仓应设置防泄漏装置，同时在粉料罐车装卸时，罐仓顶部应设置过滤布，防止粉料从罐仓顶飞散入大气中。

2.4 施工效果与推广

2.4.1 取得的质量成果

1) 抗折强度

采用相同配合比，进行了排振施工和滑模施工的混凝土 28 d 抗折强度对比（现场钻芯取样），滑模摊铺施工方式相比传统施工能够提高道面混凝土的抗折强度 10%以上（现场取芯），如图 2－23 所示。

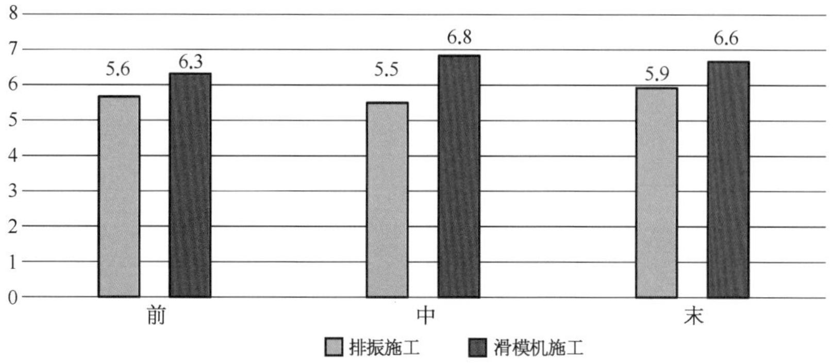

图 2－23 强度对比示意图

2) 道面纹理深度

滑模施工的混凝土纹路清晰，纹理深度大于传统施工的纹理深度，随机选取人工、滑模施工的 20 个点进行数据统计对比，发现滑模摊铺的纹理深度提高了 18.5%。具体见表 2－3 和图 2－24。

表 2－3 纹理深度对比一览表

施工方式	编　号	纹理深度(mm)，≥0.4 mm
		测试值
人工施工	人工－1	0.45
	人工－2	0.42
	人工－3	0.42
	人工－4	0.45
	人工－5	0.47
	人工－6	0.45

（续表）

施工方式	编　号	纹理深度(mm),≥0.4 mm
		测试值
人工施工	人工-7	0.45
	人工-8	0.42
	人工-9	0.42
	人工-10	0.41
滑模摊铺	滑模-1	0.54
	滑模-2	0.49
	滑模-3	0.47
	滑模-4	0.55
	滑模-5	0.52
	滑模-6	0.51
	滑模-7	0.55
	滑模-8	0.51
	滑模-9	0.46
	滑模-10	0.51

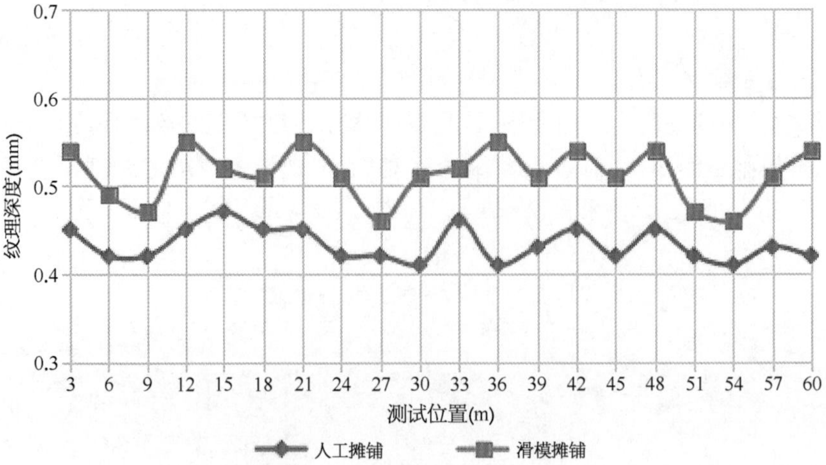

图 2-24　纹理深度对比示意图

3）平整度

滑模摊铺施工方式相比传统施工，能够提高道面平整度 38%以上，具体见表 2-4 和图 2-25。

表 2-4　平整度对比一览表

施工方式	编　号	平整度(mm),≤3 mm;≤5 mm(极值)		
		横　向	纵　向	斜　向
人工施工	人工-1	2.8	2.5	2.0
	人工-2	2.6	2.5	2.5
	人工-3	2.9	3.0	2.0
	人工-4	3.0	3.0	3.0
	人工-5	2.7	2.5	3.0
	人工-6	2.5	3.0	3.0
	人工-7	2.5	2.5	3.0
	人工-8	2.8	2.5	2.5
	人工-9	2.4	2.0	2.5
	人工-10	2.5	3.0	2.5
滑模摊铺	滑模-1	1.5	1.0	1.5
	滑模-2	1.5	1.5	1.0
	滑模-3	1.6	1.5	1.0
	滑模-4	1.5	1.5	2.0
	滑模-5	1.8	1.5	1.0
	滑模-6	1.0	2.0	1.5
	滑模-7	1.7	1.5	2.0
	滑模-8	1.5	1.5	1.5
	滑模-9	1.4	1.5	1.5
	滑模-10	1.7	2.0	1.0

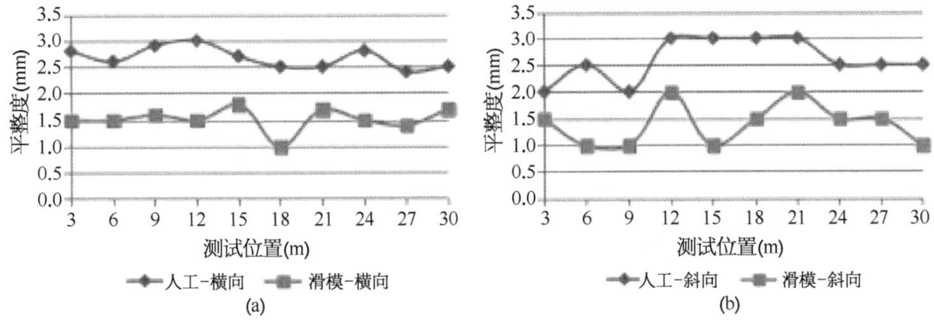

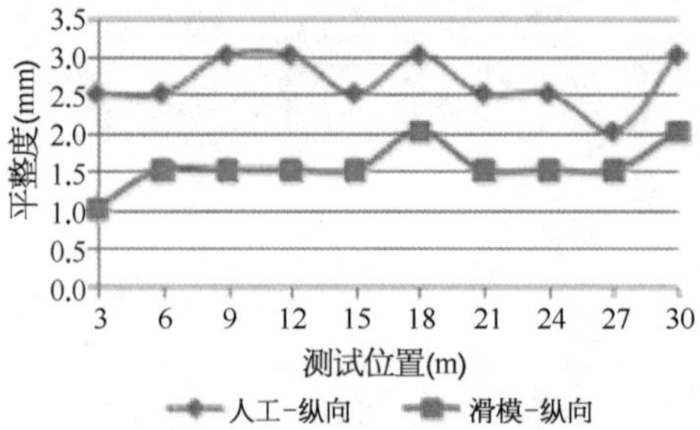

(c)

图 2-25　平整度对比示意图

2.4.2　施工功效

1）节省了大量劳动力

滑模人员为 18～20 人，传统的施工人员为 38～41 人，一个作业面施工人员可节省一半，具体见表 2-5。

表 2-5　滑模施工人员与传统的施工人员一览表

序号	工　作　岗　位	人　　数	
		滑模施工	传统人工施工
1	混凝土工	6	20
2	滑模机操作工、控制	3	
3	全幅式振动行夯（微振梁）		5
4	木抹抹平（粗）	2	3
5	钢抹抹平（精）	4	4
6	滚筒揉浆		4
7	拉毛	2	2
8	挖土机司机	1	1
9	测量人员	2	2
10	合计	20	41

2）施工速度明显加快

滑模摊铺速度为 1 m/min，传统摊铺速度为 0.8 m/min，一天按 8 h 计算，滑模一天摊铺距离要比传统摊铺距离多 100 m，如果一天工作 16 h，摊铺的距离更多，具体见表 2-6。

表 2-6　滑模施工速度与传统施工速度对比一览表

参　　数		滑 模 摊 铺	人 工 施 工
施工速度（m/min）		1.0（摊铺行进速度）	0.8（排振）
		摊铺长度（m）	
时间	1 h	60	48
	1 d（按 8 h 计算）	480	384

2.4.3 应用与推广

2018年9月12日，由上海机场建设指挥部和上海市公路学会主办、上海宝冶集团有限公司和北京中企建发监理咨询有限公司承办的道面滑模施工观摩暨学术交流活动，在浦东机场港湾机坪工程一标段施工现场举行。此次活动邀请了民航华东管理局、民航专业工程质量监督总站华东地区监督站、上海机场建设指挥部、交通运输部公路科学研究院、上海市公路学会40余名专家、学者及其他施工及监理单位人员到场观摩交流，此次观摩受到了与会人员的一致好评。

通过道面滑模施工工艺观摩和技术交流，进一步展示了浦东机场三期扩建港湾机坪工程新技术、新设备、新工艺的应用，加强了工艺技术交流，促进了工程质量管理的标准化、信息化、精细化水平，助推了工程质量创品质创精品，为机场建设积累了宝贵经验。

2.4.4 下阶段技术研究项目

滑模技术在浦东机场属于首次使用，取得了较好成绩。在施工过程中其不但可以节省劳动力、提高工效，而且可以提高施工质量，同时为浦东机场后续项目以及其他机场道面施工提供了有价值的技术支撑。下阶段还需要在以下项目中开展技术攻关：

(1) 传力杆(拉杆)与机械一体化作业。在目前的摊铺机后面悬挂传力杆(拉杆)插入机械，将传力杆(拉杆)插入机械与摊铺机一体化作业，改善传力杆(拉杆)插入质量。

(2) 无立模水泥混凝土道面滑模摊铺技术。通过不断改善与研究混凝土坍落度，研究出坍落度与混凝土自立性能之间的关系，使得在无立模的情况下，满足施工质量要求。

(3) 水泥混凝土道面分层滑模摊铺技术。水泥混凝土道面采用两台摊铺机进行水泥混凝土“湿对湿”双层滑模摊铺，这样可以采用不同的混凝土材料，即下层可以采用较差一点的材料，上层采用较好的材料，以节约材料成本。

第3章 盾构穿越施工技术控制管理

卫星厅工程是浦东机场三期扩建工程的主体工程，由两座相连的卫星厅组成，形成工字型的整体构型，年处理旅客设计能力为 3 800 万人次，2019 年建成后浦东机场年旅客吞吐量保障能力将达到 8 000 万人次。

捷运土建盾构项目是连接既有 1 号航站楼（以下简称“T1”）与卫星厅之间重要的交通枢纽，施工难点复杂多样，部分施工技术（如土压平衡式盾构下穿不停航机场滑行道）在国内属于首例，处于国内领先、国际先进。

项目组结合捷运土建盾构项目现场施工情况，通过研究盾构场内的施工工艺（如盾构掘进参数、注浆工艺、自动化实时监测等），成功攻克盾构场内施工的各项技术难题，既保证了机场的正常运营，又使得盾构施工快速有效地进行，并证实了盾构法施工在机场基础设施建设中的适用性及可靠性，为国内外机场基础设施建设提供了更多的思路及选择，加强了盾构法施工工艺应用的广泛性及可持续性，同时促进了社会经济发展、满足了社会需求。

3.1 工程概况

3.1.1 工程简介

浦东机场旅客捷运系统盾构法隧道工程由 1 号卫星厅（以下简称“S1”）站—T3 预留站单线区间及 T1—S1 双线区间组成。

S1 站—T3 预留站区间总长约 1 090 m，盾构自 3 号航站楼（以下简称“T3”）预留站始发，先以 $R = 350$ m 反向曲线下穿机场四期拟建滑行道、停机坪，后以 $R = 370$ m 曲线下穿机场三期 3 条拟建滑行道及规划双孔排水箱涵，最终在 S1 站接收。

T1—S1 区间为双线盾构隧道，长约 1 321 m。盾构自 S1 站始发，先侧穿 S1 站拟建登机桥基础、高杆灯基础，先后下穿机场 1 条新建滑行道、2 条既有滑行道、服务车通道U形通道、拟建登机桥扩大基础、侧穿T1既有登机桥桩基础，再下穿拟建行李车地道明挖敞开段后经2个 $R=550$ m曲线调整最终在T1站接收。

施工过程中须克服浅覆土进出洞、长距离小半径施工、穿越在运行滑行道及航油管等一系列工程困难。为了不影响机场正常营运，在上海机场指挥部的领导和监理的监督下，上海市基础工程集团有限公司制定了周密的施工方案和保证措施，实现不停航状态下捷运盾构的顺利贯通。浦东机场捷运系统的成功建设填补了国内在该项的空白记录。无论是建设、管理还是施工方面，都为未来国内其他机场建设提供了优秀的“蓝本”。

捷运系统盾构法隧道工程施工平面图如图3-1所示。

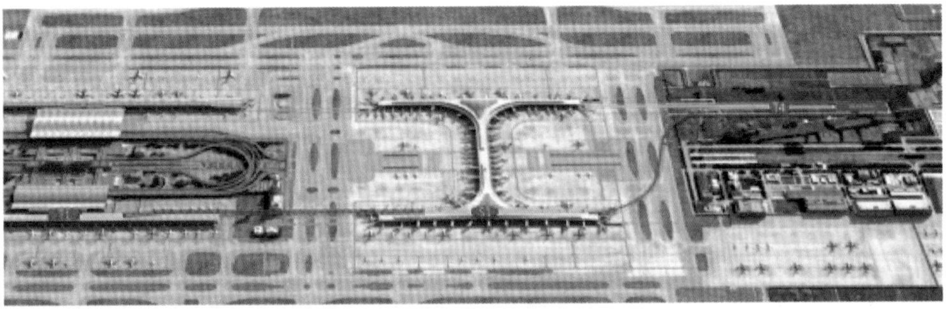

图3-1　捷运系统盾构法隧道工程施工平面图

3.1.2　工程特点及难点

本工程特点及难点有以下几方面：

(1) 区间隧道穿越的建(构)筑物及管线众多；

(2) 长距离小半径施工；

(3) 盾构浅覆土进出洞施工；

(4) 穿越机场滑行道；

(5) 盾构隧道下穿航油管线。

3.2　捷运盾构穿越前施工管理和技术准备

组织勘察、设计、施工等单位对盾构沿线进行勘探，了解盾构穿越范围内的建(构)筑物及其地基情况，并编制专项穿越方案，组织专家评审。涉及机场运行安全部分的，牵头运行单位编制紧急预案、确保机场运行安全。同时在施工前做好各单位间的交叉施工规划，避免施工冲突。盾构始发前，安排施工、临电单位对盾构电力系统、液压系统及外部供电系统等进行检修调试，满足穿越施工需要。

1) 现场环境勘探

本工程区间隧道施工位于浦东机场区域内，周边环境极其复杂，且区间隧道穿越的建(构)筑物、管线众多，环境保护要求高。S1—T1区间盾构隧道须穿越航油管线、滑行道、服务车匝道、空管中心、登机桥桩基等，其中既有 F 类滑行道 2 根、新建 E 类滑行道 1 根；T3—S1 区间盾构隧道须穿越南进场道路、规划双孔排水箱涵、综合管廊、疏散通道等，隧道周边建(构)筑物及管线的保护是本工程的重点，同时本区间盾构推进还需要解决进出洞段浅覆土施工、隧道长距离小半径施工、与行李通道长距离并行等问题，且区间隧道推进过程中存在与行李通道出口开挖、新建航油管道开挖及铺设、行李通道北部出口等外部建(构)筑物施工交叉的影响。

2) 前期方案梳理及编制

本工程专项施工方案作为指导浦东机场三期扩建工程捷运系统土建工程 T1 站—S1 站—T3 预留站区间隧道施工的依据，编制时应尽可能多地考虑盾构推进等诸多工艺对于机场原有建(构)筑物的影响，突出科学性、合理性及可行性，是确保盾构安全正常施工的重要技术文件。

3) 临电及设备调试

当盾构各部件的组装工作基本完成时，为检查盾构各系统是否能持续正常工作，须对盾构各系统进行试运转调试。主要调试系统如下：

(1) 驱动马达系统。主要检测主机和螺旋输送机等系列电机的各种运行参数。重要测试参数有运行的额定电流、额定电压、电机转向、输出油压、各种传感器的输出值等。

(2) 注浆系统。主要检测注浆压力，急停系统、驱动电机的各种运行参数，搅拌电机的运行参数，各种传感器的输出值，主控室能否对该系统各种设定参数进行修正等。

(3) 泡沫系统。检测喷出泡沫的质量、运行的流量值和压力值，对管道的分组调试和交叉调试，主控室能否对该系统各种设定参数进行修正等。

(4) 拼装机系统。检测拼装机的各种动作是否正常，电缆卷盘和油管的工作状态、各种电磁阀的状态、刹车油缸的性能、遥控/手动操作是否灵敏等。

(5) 单双梁。检测各种动作是否灵活、各种保护系统是否失效、遥控操作是否灵敏等。

(6) 人闸系统。检测各种运行技术参数、急救保护系统、各种操作是否正常等。

(7) 油脂系统。检测该系统的工作压力、每分钟油脂输出量、电磁阀的工作状态、工作气压值、主控室是否能修改各种设定的参数等。

(8) 空压机系统。检测空压机的输出气压、自保系统等；用手动操作面板对空压机各种参数进行调节，以测试各种运行性能是否正常。

(9) 配电系统。主要检查各种继电器、接触器的动作是否灵敏。

(10) 盾构电气系统。包括 PLC 控制软件、人机界面和系统软件的调试，各系统通信信号是否正常的测试；以及各类传感器的测试，如盾构控制系统内部电气联锁关系的测试、盾构数据采集系统的连接和测试。

4) 试验段推进

本工程包括两台小松盾构穿越 T0、T3、T4 三条在用机场滑行道，根据设计蓝图统计，下穿机场滑行道段共计 472 环（上、下行线各 236 环）。盾构出洞 278 环后开始下穿机场滑行道，尽管两台盾构施工工艺类似，但由于两台盾构先后穿越机场滑行道，不可避免地会对滑行道所处地层造成二次扰动影响，因此，后施工隧道所采取的控制措施相对先施工隧道会存在较大差异，为了确保顺利穿越机场滑行道，把每个穿越段的前 30％穿越范围作为试验段。

3.3 捷运盾构施工重点、难点与针对性措施

3.3.1 穿越沿线建(构)筑物及管线

3.3.1.1 施工概况

本工程区间隧道位于浦东机场区域内，周边环境较复杂。T3—S1 区间盾构隧道须穿越南进场道路、综合管廊、疏散通道、新建航油管建(构)筑物等(表 3-1)，隧道周边建(构)筑物及管线的保护是本工程的重点。

表 3-1 T3—S1 区间沿线主要建(构)筑物及管线一览表

序号	穿越建(构)筑物名称	与隧道相对位置	与隧道水平净距	与隧道垂直净距	对应环号	备注
1	规划排水沟(6 个)	上部		5.3～11.9 m	189～786	盾构穿越前完成
2	疏散井(2 个)	左侧	5.5 m		308～310 809～811	
3	新建 DN300 污水管(2 根)	上部		8.4/8.8 m	336、480	
4	原南进场水泥搅拌加固体	四周	全断面穿越		354～475	
5	ϕ800 钻孔灌注桩(2 根，格构柱支护桩)	左和右	1.4 m	超过隧道底部	388～389	
6	南进场东、西线	上部		3.4/3.3 m	380～399 431～450	
7	新建综合管廊	上部		6.6 m	454～471	
8	新建排水箱涵(2 个)	上部		8.7～8.8 m	340～348 472～478	
9	ϕ600 雨水管(3 根)	上部		3.7/3.5 m	379/385/443	
10	新建 ϕ610 航油管(1 根)	上部		6 m	828～830	
11	新建登机桥基础	上部	1.3		868～877	
12	在建滑行道(E、F 类各 2 根)	上部		8.8 m		穿越后施工

3.3.1.2 针对性措施

(1) 在盾构穿越前对沿线管线、房屋进行排摸，加强对管线、房屋的监测，根据排摸及监测情况对施工参数进行合理的调整。

(2) 在盾构穿越过程中必须严格控制切口土压力，同时也必须严格控制与切

口压力有关的施工参数，如推进速度、总推力、出土量等，尽量减少土压力的波动。

(3) 在确保盾构正面沉降控制良好的情况下，使盾构匀速施工，以减少盾构施工对基础的影响。

(4) 严格控制同步注浆量和浆液质量，通过同步注浆及时填充建筑孔隙，减少施工过程中土体变形。

(5) 由于盾构推进时同步注浆的浆液在填补建筑孔隙时可能会存在一定间隙，且浆液的收缩变形也存在地面沉降的隐患，因此在隧道掘进的同时，后面同步进行二次壁后注浆。在管片脱出尾盾 5 环后，对管片的建筑孔隙进行二次注浆。浆液通过管片的注浆孔注入地层，并在施工时采取推进和注浆联动方式。注浆未达到要求，盾构暂停推进，以防土体变形。根据施工中的变形监测情况，随时调整注浆量及注浆参数，壁后二次注浆根据地面监测情况随时调整，从而使地层变形量减至最小。

(6) 在盾构穿越期间，派专职人员昼夜对须控制的建筑进行沉降监测，及时观察结构的变形情况。采用先进的通信手段，将监测数据及时、准确地反馈给盾构司机，使得盾构司机能够根据地面所反映的情况进行正确判断，及时调整盾构施工参数。

(7) 编制专项穿越施工方案并经专家评审。

(8) 建立应急预案。

3.3.2 克服长距离小半径施工

3.3.2.1 施工概况

T3—S1 区间隧道涉及两段长距离小半径施工：其中 1～277 环为 *R*350 m 小半径圆曲线段，长 332 m；530～898 环为 *R*370 m 小半径圆曲线段，长 443 m。小半径段将穿越南进场路地道、综合管廊、登机桥等众多建(构)筑物，且 *R*350 m 小半径段叠加始发段浅覆土施工、*R*370 m 叠加接收端浅覆土施工，施工涉及软弱土层及砂性土层，盾构纠偏或施工参数控制不当时极易产生土层扰动，施工难度大。

3.3.2.2 针对性措施

(1) 采用的盾构设有铰接液压油缸、仿形刀，且盾构可以在垂直、水平方向上进行各种姿态调整，按设计要求完成曲线的开挖。被动铰接密封上设有紧急密封装置，在紧急状态下通过挤压方式可以杜绝土砂及水的侵入，确保铰接完好。铰接装置可以满足任意方向的铰接运动，使曲线施工和方向调整更加便利。当使用铰接装置时，可以满足本工程中任意方向最小曲线半径为 350 m 的施工需要。

(2) 盾构在穿越过程中严格按照分段纠偏的方法进行纠偏，防止因出现较大的偏差造成大幅度纠偏。

(3) 盾构在小曲线段施工时，应定期复核尾盾后管片的轴线偏离值。若出现管片在脱出尾盾后向外侧偏离，应利用管片上的注浆孔在曲线外侧壁后压注双液浆防止隧道外偏继续发展，同时根据偏离值变化量的大小在曲线内侧壁厚适当进行二次补浆防止内侧土体松弛变形，控制地层损失率。

(4) 在盾构推进过程应加强同步注浆，注浆应采用对角交替压注的方式进行，从而使压注的浆液均匀、连续地充满在隧道壁后的建筑孔隙。

3.3.3 克服盾构浅覆土进出洞施工

3.3.3.1 施工概况

本区间采用一台盾构进行施工，含有一次出洞及一次进洞。盾构进出洞施工历来是盾构法隧道施工的重要的风险点之一。T3—S1 区间隧道始发段与进洞段也均为浅覆土施工，穿越的土层依次为①1 填土、②1 粉质黏土、②2 粉质黏土夹黏质粉土、②3 砂质粉土、③1 淤泥质粉质黏土和③2 砂质粉土，其中始发段最小覆土深度为 5.4 m，进洞段最小覆土深度为 5.5 m。其覆土厚度均不到 1 倍盾构直径。

盾构浅覆土施工时，机头容易上漂，易造成地表沉降、窜浆或坍方冒顶；且刀盘土压平衡不容易建立。河水容易从扰动土体的裂缝中经大刀盘开口及尾盾进入盾构；浅覆土中推进的盾构，上下受到的力不均衡，盾构姿态上扬，压坡困难，拼装完成的管片拖出尾盾后，由于上部压载及自重无法抵抗地下水引起的浮力使隧道上浮，轴线难以控制。

3.3.3.2 针对性措施

(1) 进出洞施工前，重视加固体质量检测，并结合洞门探孔情况判断加固效果。

(2) 做好过程中的测量放样工作，提高测量定位的精度。

(3) 出洞时在洞门圈安装帘布橡胶板止水装置。进洞时加强尾盾止水环箍的打设，并检验效果。

(4) 盾构姿态的控制：盾构纠偏应遵循“不急纠、不猛纠”的原则。在浅覆土区段，将盾构的掘进轴心线调至隧道设计轴线以下 20～30 mm 掘进。掘进速度控制在 2 cm/min(加固体中控制在 1 cm/min 以内，非加固体中控制在 2 cm/min 以内)以内，以较为平缓的速度推进，并严格控制土压力及出土量，防止超挖及欠挖。

(5) 尾盾防渗漏措施：施工前采用优质尾盾油脂对尾盾刷进行涂抹，施工时注意对盾构尾盾刷进行保护，严格控制尾盾油脂压注，管片拼装前把盾壳内的杂物清理干净，防止对尾盾刷造成破坏。

(6) 隧道防上浮措施：隧道内采用堆沙袋等压重措施，并对管片采取拉结措施，控制隧道上浮。

(7) 二次注浆措施：盾构推进过后，对浅覆土区段隧道周边土体采用注浆加固。

3.3.4 穿越机场滑行道

3.3.4.1 施工概况

本区间盾构共须下穿 T0、T3、T4 三条滑行道，根据设计里程划分，其影响区域对应区间隧道管片环数为 279～514 环。滑行道道面采用 40 cm(20 + 20)厚水泥稳

定碎石 + 36～42 cm 厚现浇混凝土，且隧道与滑行道最小竖向距离为12.47 m。

根据最新的计划，盾构穿越滑行道区时，T0 滑行道已经完成施工并投入运行，而现运行中的 T4 滑行道将予以关闭，即盾构下穿滑行道期间 T0、T3 正在运行，T4 已关闭。盾构穿越滑行道示意图如图 3 - 2 所示。

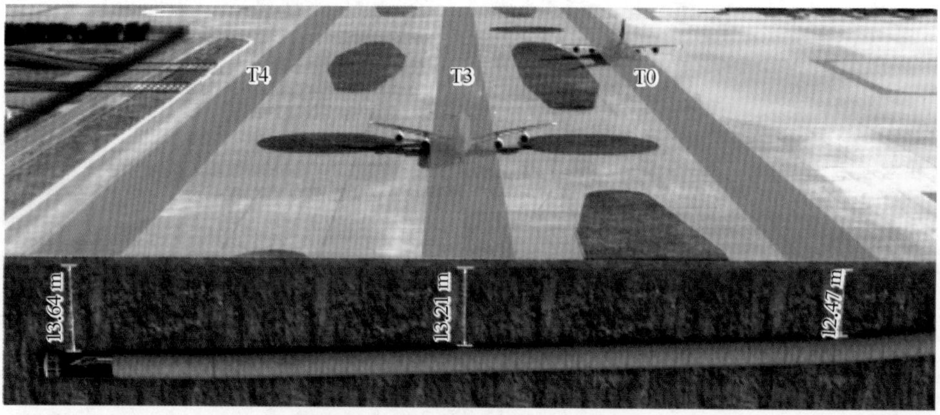

图 3 - 2　盾构穿越滑行道示意图

T0、T3 滑行道是浦东机场营运（东西向）的生命线，盾构穿越施工时须确保 T0、T3 始终处于运行状态，施工容不得半点闪失，沉降要求控制标准为≤10 mm，施工中须精细化管理控制达到设计要求。

穿越施工时，尽管两台盾构施工工艺类似，但由于其先后穿越机场滑行跑道，不可避免地会对滑行跑道所处地层造成二次扰动影响，因此，后施工隧道所采取的控制措施相对先施工隧道会存在较大的差异，故左线及右线先后间隔 1 个月进行施工。

3.3.4.2　针对性措施

1）穿越前控制措施

（1）盾构穿越滑行道施工前，对滑行道的结构、基础形式、现状及其与隧道的关系进行详细的调研，掌握滑行道的详细资料，以便采取针对性的保护措施。滑行道保护控制指标见表 3 - 2。

表 3 - 2　滑行道保护控制指标

主要控制点	建(构)筑物基础情况	与隧道的关系	风险等级	盾构掘进时地层损失率要求	施工监控等级
机场既有及新建滑行道	道面采用 40 cm(20 + 20)厚水泥稳定碎石 + 36～42 cm 厚现浇水泥混凝土	隧道下穿既有 F 类滑行道 2 根，新建 E 滑行道 1 根，与既有滑行道最小竖向距离为 13.21 m，与新建滑行道最小竖向距离为 12.47 m	Ⅰ级	2‰	特级

(2) 本区间盾构穿越滑行道涉及土层为④淤泥质黏土，同时紧贴上层③2 砂质粉土，而砂质粉土灵敏性较高，经扰动后易产生沉降。机场滑行道道路结构较厚，其道面为 40 cm(20 + 20)厚水泥稳定碎石 + 36～42 cm 厚现浇混凝土，还有 50 cm 厚的路基，下方土体的沉降难以在道路表面及时体现，须打设深层监测孔，埋设自动化监测装置，形成以自动监测为主、人工监测为辅的监测体系。鉴于目前 T0 滑行道正处于施工中，应及时协调打设深层监测孔。盾构穿越滑行道地质剖面图如图 3－3 所示。

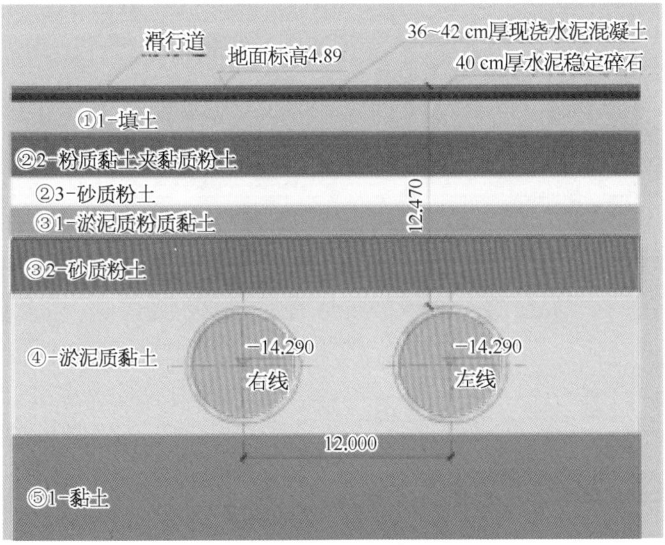

图 3－3　盾构穿越滑行道地质剖面图

(3) 将盾构穿越滑行道前期环数作为试验段，对各项掘进参数进行摸索，分析出最适应该地层的掘进参数，以更好地控制地层沉降。

(4) 编制专项施工方案，并经专家评审后报监理和业主审批。

(5) 穿越施工过程中应加强技术管理工作。项目组对盾构穿越滑行道施工高度重视，穿越施工前将派遣公司技术领导至现场指导穿越施工。

(6) 在盾构穿越前办理相关监护手续，获得主管部门批准。

2) 穿越过程中的控制措施

(1) 根据前期试验段分析得出的施工参数，指导滑行道段盾构施工。

(2) 按照理论开挖量的 98%控制出土量，并根据 18 m^3 泥斗计算盾构推进行程值，不允许出现超挖现象。

(3) 每班进场同步注浆材料必须进行坍落度和比重检测，并建立进场数量和检测台账。

(4) 推进过程中由技术部门安排人员 24 h 在中控室值班，同时应对前一班次的施工数据和监测数据进行分析，下达当班的技术推进指令。

(5) 现场技术员严格控制进场管片质量，并对管片止水材料的粘贴质量进行检查，对于不合格材料一律不得下井使用。

(6) 严格控制管片拼装质量，并将每班完成的管片上粘贴信息卡，要求责任落实到人。

(7) 针对盾构台车后方已成型隧道，及时做好二次注浆和堵漏工作，及时降低隧道渗漏。

(8) 其他根据现场实际施工情况须及时做出相应的控制措施。

3) 穿越后的控制措施

根据设计蓝图，滑行道下方管片均为全断面增设注浆孔管片，应根据隧道后期监测数据，及时做好二次注浆工作，控制地层沉降值≤10 mm。

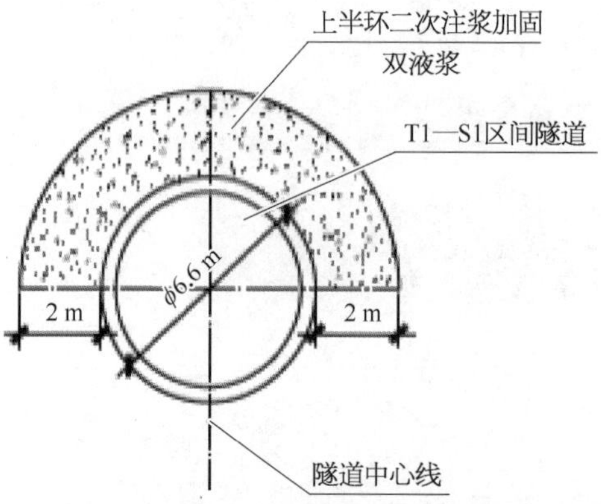

图 3-4 上半环二次注浆加固示意图

同时根据设计蓝图要求，盾构下穿滑行道范围须对上半环进行二次注浆加固。二次注浆采用水泥-水玻璃双液浆（1 ∶ 1），注浆压力不大于 0.5 MPa，加固后土体强度为 0.2～0.3 MPa，并具有良好的均匀性。二次注浆应多点、多次、少量、均匀进行。注浆过程中应注意地层监测数据，防止过大压力和过多注浆量导致地层隆起超标(≤5 mm)。上半环二次注浆加固示意图如图3-4所示。

3.3.5 穿越新建航油管

3.3.5.1 施工概况

T1—S1 区间须穿越 DN600 的航油管(左线下穿航油管位于 267 环上方地层位置，右线位于 328 环上方地层位置)一根，管道外径 ϕ610 mm，壁厚 10.3 mm，材质为螺旋焊缝钢管 L245，强度试验压力 2.0 MPa，严密性试验压力 1.76 MPa，连接方式采用下向焊，管线内壁采用 036-1/036-2 耐油环氧防腐涂料，外壁采用 3PE 加强级防腐，并采用牺牲阳极保护，航油管埋深约 1.5 m，管底左线距离隧道顶部约 10.09 m，管底右线距离隧道顶部约 10.4 m。中间段与隧道关系处于并行状态，距离东线约 1.8 m，距离西线约 3.6 m。盾构穿越施工期间航油管为空管，处于不通油状态。新建航油管与隧道相对位置图如图 3-5 所示。

航油管铺设过程中航油管沟按设计标高超挖 200 mm，回填 200 mm 细砂后下管，继续回填细砂至管顶以上 300 mm，再回填原土，密实度要求达到 0.90。机坪道面下管沟按设计标高超挖 200 mm，回填 200 mm 细砂后下管，继续回填细砂至管顶以上 300 mm，再回填级配砂石，最后回填 200 mm 湿贫混凝土至道面基础底面，分层夯实，土基顶面以下 0.8 m 范围内压实度不小于 0.96，土基顶面以下 0.8～4.0 m 范围内压实度不小于 0.95。

盾构下穿航油管的设计沉降要求为≤10 mm。

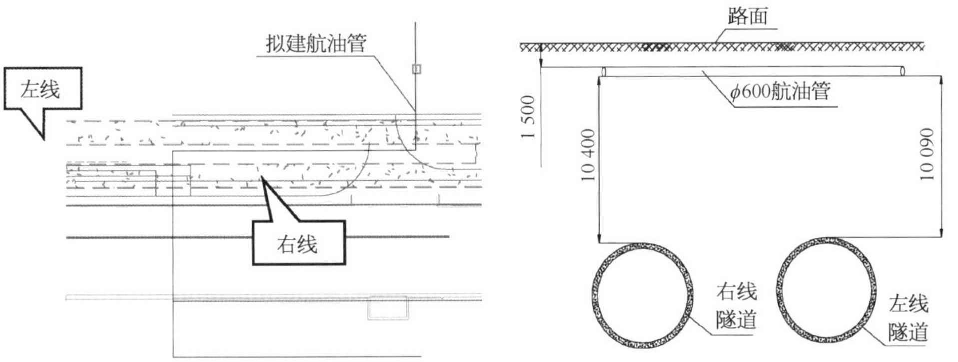

图 3-5　新建航油管与隧道相对位置图

3.3.5.2　针对性措施

1）穿越前控制措施

（1）仔细摸排航油管的分布情况，并掌握其埋深、材质及与隧道的相对位置关系情况。

（2）在航油管线铺设时，预先准备好与管径大小一致的抱箍，绑扎在航油管线上，埋设抱箍式或套筒式管线直接监测点（图 3-6）。下穿区域加密监测点布设，观测时用水准仪测量测杆的高程变化，此变化即为管线的沉降变形。

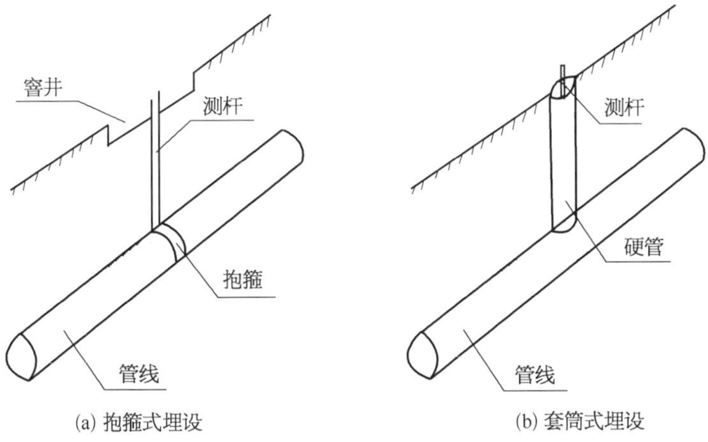

图 3-6　航油管监测点布设图

（3）因盾构穿越航油管区域范围为 267～328 环，故将右线区间（第一台盾构）245～266 环施工划分为模拟掘进段，原则为掘进速度控制在≤20 mm/min 的基础上，其他参数相应进行调整，模拟段地面沉降要求控制在≤10 mm。

（4）编制专项施工方案，经专家评审后报监理及业主审批。

（5）按照现行要求，办理盾构穿越航油管前的相关手续。

（6）在盾构正式穿越航油管施工前，告知航油公司。

2）穿越过程中的控制措施

（1）根据前期试验段分析得出的施工参数，指导滑行道段盾构施工。

（2）按照理论开挖量的98％控制出土量，并根据18 m^3泥斗计算盾构推进行程值，不允许出现超挖现象。

（3）每班进场同步注浆材料必须进行坍落度和比重检测，并建立进场数量和检测台账。

（4）推进过程中由技术部门安排人员24 h在中控室值班，同时应对前一班次的施工数据和监测数据进行分析，下达当班的技术推进指令。

（5）现场技术员严格控制进场管片质量，并对管片止水材料的粘贴质量进行检查，对于不合格材料一律不得下井使用。

（6）严格控制管片拼装质量，并将每班完成的管片上粘贴信息卡，要求责任落实到人。

（7）针对盾构台车后方已成型隧道，及时做好二次注浆和堵漏工作，及时降低隧道渗漏。

（8）其他根据现场实际施工情况须及时做出相应的控制措施。

3）穿越后的控制措施

（1）盾构施工结束后即进行新建航油管缺陷的无损检测，经检测，新建航油管满足机场后期营运要求。

（2）根据监测数据，实施隧道内二次注浆工作，注浆过程应遵循多次、少量的原则进行，直至沉降数据趋于稳定。

（3）根据设计蓝图要求，做好隧道内防迷流措施，防止隧道内杂散电流影响后期列车运行。

（4）当隧道施工完成后并确认沉降数值达到设计要求，告知航油公司施工已完成情况。

（5）按照现行要求完成其他手续、工作。

3.4 捷运盾构飞行区二次微扰动注浆控制

委托上海岩土工程勘察设计研究院有限公司进行盾构施工中的第三方监测工作，要求施工单位根据第三方监测数据进行分析，指导二次微扰动注浆施工，确保机坪下方工后沉降保持在10 mm以内，确保滑行道运行安全。同时为确保盾构情况长期可控，在隧道贯通后，委托监测单位对隧道进行健康观测。

1）注浆孔布置

全断面加固注浆（360°）通过区间隧道管片预留注浆孔进行，为1＃～15＃共15个注浆孔；上半环注浆加固（180°）通过区间隧道拱顶及两侧的管片预留注浆孔进行，分别为1＃、2＃、3＃、4＃、12＃、13＃、14＃、15＃共8个注浆孔。二次注浆施工时，为减少浆液渗漏、降低注浆压力，采取隔环施工的形式。注浆过程中根据监测情况及时调整注浆量和注浆压力，注浆结束后，拔除注浆管，及时封闭孔口。增设注浆孔位示意图如图3-7所示。

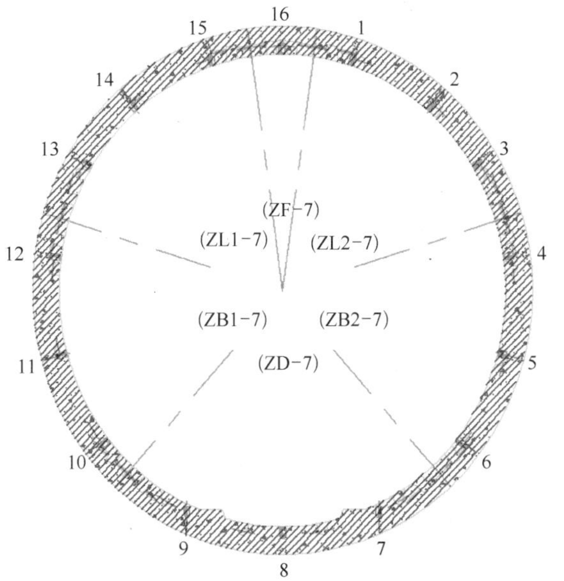

图 3-7　增设注浆孔位示意图

2）浆液配比

根据设计要求，注浆材料采用双液浆（原材料为 P.O.42.5 硅酸盐水泥、钠基土及水玻璃），同时根据以往的施工经验及现场试验，拟采用水灰比为 1∶1、双液浆体积比为 1∶1。具体配合比见表 3-3。

表 3-3　双液浆配合比

甲　液			乙　液	备　注
水	水泥(P.O.42.5 级)	膨润土	水玻璃	稀水玻璃浓度 35°Be′
385 kg	385 kg	20 kg	675 kg	

注：表中材料按 1 m^3浆液考虑。

3）注浆压力和流量控制

(1) 注浆压力。控制在 0.3～0.5 MPa。

(2) 注浆工程量计算。全断面加固注浆（360°）理论加固土方量约为 54 m^3/m，按照以往类似软土地层加固的施工经验、取 25%的比率计算，注浆量约为 13.5 m^3/环；上半环注浆加固（180°）理论加固土方量约为 27 m^3/m，按照以往类似软土地层加固的施工经验、取 25%的比率计算，注浆量约为 6.75 m^3/环，注浆时应结合注浆压力对注浆量进行控制。

3.5　捷运盾构主要施工管理保证措施

3.5.1　质量控制体系

项目质量管理体系围绕项目质量保证体系建立，由项目经理负责，项目总工具体负责，技术和质量部门现场把控，其他部门应予以积极配合。现场质量控制应符合已编制报审的“质量保证体系”方案要求。项目质量保证框架如图 3－8 所示。

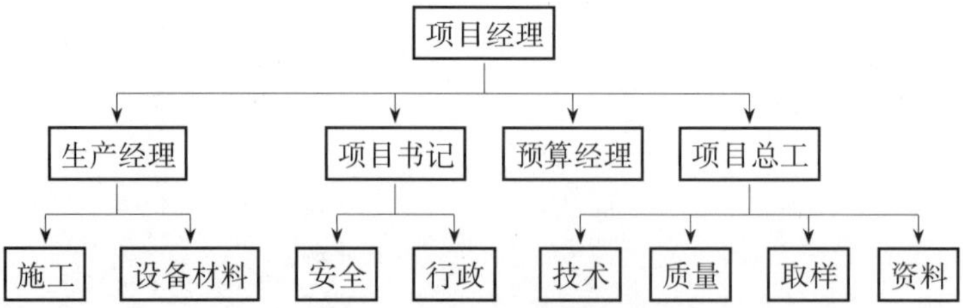

图 3－8　项目质量保证框架

3.5.2　过程中的质量控制

施工过程中，应加强隧道施工质量的控制，主要包括以下几个方面：

（1）现场质量员根据相关控制指标对进场管片和其他材料进行验收，对于质量不合格的材料一律拒收；

（2）做好进场材料的检验、报监工作，避免不合格的材料投入生产使用；

（3）加强现场管片止水材料粘贴的质量检查，对于粘贴不合格的管片，一律禁止投入施工；

（4）对同步注浆液进行坍落度质量检查，对于不符合要求的同步注浆液一律拒收；

（5）对于各类土体加固施工，应加强过程中的质量管理，避免加固质量上出现问题，对加固好的区域按设计要求进行相关取芯工作；

（6）对管片拼装质量进行检查，并统计管片破损、渗漏情况，针对管片破损、渗漏应进行原因分析，并制定相应措施避免同样问题重复出现；

（7）对于已遭破损的管片，及时按照已审批的管片修补方案进行修补；

（8）管片进场前，应按照规范要求严格检查管片的质量，管片转驳过程中应注意对管片的保护（采用尼龙布吊带），如出现局部破损，应及时进行修复处理，经现场质量员检查后方可投入使用；

（9）其他与质量相关的工作。

3.5.3　工程安全保证措施

（1）盾构施工期间，应制定安全保证措施，确保施工中无人员伤亡事故的发生，避免相关施工设备因人为原因造成损坏而影响工程进度。

（2）安全部门应对施工现场情况充分了解，指出安全隐患等级及位置，并进行等级划分。

（3）针对现场施工人员，提前做好安全相关教育工作。

（4）施工现场应做好临边围护工作。

（5）针对重大风险点施工时，安全部门应做好安全交底工作。

(6) 人员进出现场时，应正确佩戴安全帽；现场安全员发现现场有违规人员，按项目部规定进行处理。

(7) 人员出入隧道口时，应遵循"一停、二看、三通过"的原则。

(8) 安全人员应经常性地巡视现场，对发现有安全隐患的部位，应找到相关责任人，并对其进行整改。

(9) 地面吊装时，地面应有相应指挥人员；对于违规指挥的人员，经安全员发现后一律根据项目部规定进行处罚。

(10) 对起重吊装、临时用电等危险性较大工程的施工，认真编制、审核安全专项施工方案，从技术方案上确保施工安全。

(11) 设立安全专项资金，制订项目安全生产资金计划，建立资金使用明细表。安全专项资金投入用于保证安全防护设施完善和个人防护用品及防尘、防毒治理工作的需要。依法参加意外伤害保险，及时为员工缴纳保险费。

(12) 项目部设置应急专项资金，一旦险情发生，分拨应急资金投入应急抢险工作中。

3.5.4 工程应急处理措施

3.5.4.1 突发事件信息报告执行首报、续报和终报制度

(1) 首报。指事件发生后的初次报告，主要包括事件发生的时间、地点、单位、简要经过、造成后果、初步处置情况、负责现场处置的部门和负责人及联系方式等要素。

(2) 续报。指事件发生处置过程中的阶段性报告，主要包括事发地基本情况、事件起因和性质、基本过程、人员伤亡情况、影响范围、发展趋势、处置情况以及请求事项的建议等要素。

(3) 终报。指在突发事件处置后的总结评估报告，主要包括事件基本情况与事发原因分析、处置过程与结果、责任划分与处置、经验教训与整改措施等要素。

3.5.4.2 信息报告流程

(1) 突发事件发生后，按照逐级上报原则通报信息，必要时允许越级上报，对于需要保密的有关信息应做好保密工作。

各参建单位项目经理(或被授权人)报告相关工程部，工程部报指挥部领导并通报质量安全部，同时视情通报工程所属区域运行管理单位。工程部、参建单位相关人员在第一时间将现场图片、信息发送到指挥部安全网络微信群；质量安全部根据指挥部领导要求报集团安控中心(或集团总值班室)，并及时通报集团、领导的要求和指令。

(2) 工程部相关人员接报后应在第一时间赶往事发现场核实情况，组织先期处置。在核实情况后应及时续报。

(3) 如确认现场发生火情，可直接报机场消防。

(4) 突发事件现场处置进展、处置过程中出现的次生灾害等新情况，要按时限及时逐级续报。

3.5.4.3 信息报告时限及要求

(1) 突发事件发生后,参建单位应在 5 min 内电话报告给相关工程部门,同时在 30 min 内向工程部门提交书面速报,工程部门接报后应在 5 min 内上报。初次报告可通过电话、短信、微信等报告,报告内容应简洁、明了、准确,并及时通过微信传送现场照片。事件处置过程中,各级人员应及时续报动态情况。事件处置结束后,及时将原因分析及处理结果等情况报质量安全部。

(2) 根据指挥部领导要求,须向集团汇报的事件,由质量安全部会同工程部门完成首报、续报和终报工作。

① 首报: 在接报 5 min 内以口头方式报告集团总值班室,同时进行相关处置工作。

② 续报: 在接报 45 min 内向集团总值班室进行书面报告。

③ 终报: 事件处置结束后,及时将原因分析及处理结果等情况书面报集团安控中心。

3.5.4.4 应急措施

1) 地面塌方应急措施

(1) 发生塌方,保护好现场,对塌方区域人员进行疏散,并派纠察进行维持。

(2) 就发生塌方产生的后果进行评估,包括对地面交通、周边建筑物和地下管线可能造成的影响进行分析和得出结论,会同相关管线部门对地下管线进行检查,如有问题立即进行补救。

(3) 如造成建筑物倾斜,会同相关设计院及相关部门制定地基加固方案及建筑加固方案,并立即实施。

(4) 如影响地面交通,会同交管部门制定交通疏解方案,确保路面交通畅通。

(5) 可直接回填时,必须用合格的回填土进行回填,并逐层夯实。

(6) 在路面下塌方,可对路面下进行注水泥浆,直至注浆孔返浆为止。

(7) 盾构必须连续推进,以短时间内通过塌方区域,在盾构尾部通过塌方区时必须超量注浆,以补充塌方造成的土体孔隙。

(8) 严格控制盾构姿态,选择正确合适的推进参数。

(9) 加强监测,观察变化,如发生二次沉降,继续回填或注浆,直至地表稳定后,撤销警报。

2) 洞圈漏水应急措施

(1) 盾构进洞时,在尾盾未完全脱离洞门、不能进行封堵时,在洞圈与盾构外壳之间会出现漏水,严重时会出现喷水。

(2) 进洞时,现场准备好麻袋、钢板等堵水材料,以作备用。

(3) 加强地面监测,若有塌方及时通报。

(4) 当出现小规模漏水时,可不做封堵,盾构快速前进,以期在短时间内推出洞门。

(5) 若发生洞门喷水,全体人员立刻抢险,用泥袋堵住水源,或用钢板封住盾构外壳与洞门间隙，以减少涌水量，盾构快速推进，脱离洞门。

(6) 一旦盾构脱离洞门，马上进行洞门封堵，用预先加工好的洞门钢板将四周空隙全部焊接封住，再进行注浆。

3) 出洞时塌方或涌水涌砂

(1) 在盾构进出洞前，必须对始发井进行土体加固，可采用混凝土搅拌桩或高压旋喷及压密注浆方法。对旋喷和注浆材料要进行检查、试验，同时要严格控制其水灰比及注浆流量、压力、提升速度等参数，并且根据地质情况和灌注情况及时调整参数，保证洞门打开后土体具有良好的自立性和止水性。

(2) 在盾构出洞前，必须将洞门外结构围护墙(或桩)完全凿除，凿除后可能产生塌方和涌水。

(3) 为了确保出洞时土体不塌方，在内排钢筋割除前对洞门的渗水情况及土体变形进行检查，以达到对土体的加固质量进行评估，若有大的质量隐患必须对土体进行二次加固。

(4) 在凿除内排钢筋时，全体工作人员就位，一旦钢筋全部割断，清理完毕后，马上推进，刀盘迅速切入土体，出洞过程结束。

(5) 其间若发生塌方或大量涌水，必须对洞门暂时封堵，并进行补加固。

(6) 塌方时必须疏散地面人群，并开始执行处理危急情况的流程。

4) 隧道内有毒有害气体或火灾

(1) 根据地质勘察报告，本区间隧道线路段勘探时未发现有沼气逸出现象。但为确保安全，盾构掘进时，须定时对盾构施工作业面用有毒有害气体测试仪器进行测试，如发现有害气体浓度超过规定，马上采取相应的应急措施，组织人员安全撤离。

(2) 动用明火必须申请，并落实监护人员及必要的灭火器材。

(3) 在施工现场及盾构推进作业面，氧气、乙炔、易燃易爆物品的放置必须符合防火规定。

(4) 尽量避免在隧道内进行焊接、焊割作业。如必须进行焊割作业时，须将作业时产生的废气和散发的有毒气体及时排到隧道外，同时在作业处装置有毒有害气体测试设备，如发现有害气体浓度超过规定，马上采取相应的应急措施，组织人员安全撤离。

5) 建(构)筑物及管线沉降遭受破坏

(1) 根据已调查的建(构)筑物或管线与隧道的相对位置关系，快速判断其位置关系，暂停盾构掘进。

(2) 人员赴现场查看具体情况，并与建(构)筑物和管线权属单位快速制定应急方案。

(3) 快速组织人员和物资到达现场，迅速执行现场制定的应急方案。

(4) 针对管线进行悬吊保护。

(5) 隧道内进行二次注浆。

(6) 针对建(构)筑物或管线进行局部地面压密注浆。

(7) 加强过程中的监测频率，快速提供数据指导应急施工。

3.6 不停航监测设计与分析

3.6.1 监测项目

为满足施工安全与对滑行道保护的要求，针对滑行道保护设置以下监测项目：

(1) 运行的滑行道(T0 和 T3)监测：自动化设备 + 人工复测；

(2) 非运行的滑行道(T4)监测：24 h 人工监测；

(3) 隧道沉降、收敛。

针对划分为禁区的滑行道，在白天对禁区内的滑行道采用自动监测方式进行地表(涂油漆标志的监测点)监测扫描，夜间在机场业主规定的时间段内对自动监测数据进行人工复核。

3.6.2 自动化监测设计

本工程对盾构穿越滑行道区域采用自动化监测系统进行监测，通过测量监测点高程变化来监测盾构施工过程中上层滑行道面的竖向变形，便于实时掌握变形情况，及时发现安全隐患，以此掌握盾构在推进过程中对道面的影响，为机场内盾构施工起到安全保障作用。其系统结构如图 3-9 所示。

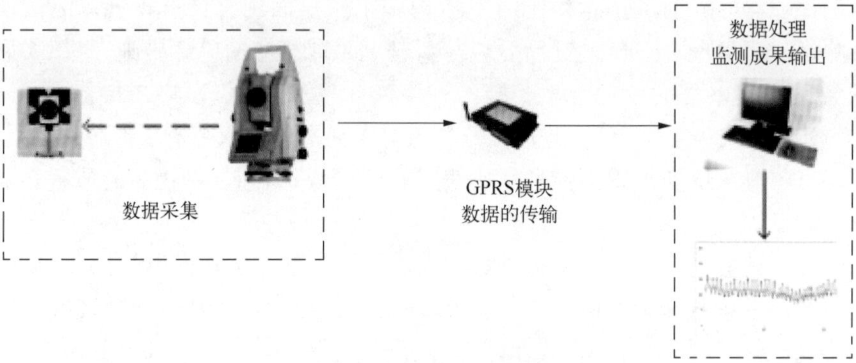

图 3-9 自动化监测系统结构

根据监测视角要求，通过现场踏勘，本工程将自建基站设置在禁区外距盾构右线 6 m 与距机场围界 5.2 m 交界处，视野通透，可以观测到方圆 250 m 范围内的监测点。如图 3-10 所示，基站采用砖混结构，为一个底部 1 m× 1 m× 4.6 m 的砖混方形实墩观测台。实墩上方再建一个 0.3 m× 0.3 m× 1.5 m 的砖混方形石墩承台，该观测台上方镶嵌放置一个水平螺旋托盘，用以架设全站仪进行观测。观测台南北方向对称搭建钢管楼梯支架。该观测台稳定可靠，可确保全站仪 24 h 不间断对机场禁区滑行道地表进行实时观测，以达到自动化监测效果。为实时获取测站点精密三维坐标，在测区范围外布置四个控制点。如图 3-11 所示，四个控制点所形成的区域包含整个测区，分别布置于远离变形区的大楼顶部。通过对这四个控制点所形成基准网进行平差计算及精度确认，该四个控制点稳定可靠，可实时反算、检核测站的精确坐标。

图 3-10　基站现场实景图

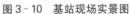

图 3-11　基站和控制点布设平面图

盾构轴线监测点布设使用油漆涂刷的方法进行，滑行道表面不做明显标志物。全站仪采用无棱镜模式对监测点直接进行激光扫描，对于隧道中心线的周边区域进行等间距加密扫描。为了和人工监测数据进行校核，必须保证人工监测点与自动化监测点统一，在正式监测开始之前通过手动学习监测点的方法进行初始值采集。

3.6.3　监测点的布设

1）滑行道沉降监测

考虑到机场工程的特殊性，本监测工作应尽量减少监测点的埋设对跑道结构的不良影响，且考虑机场不停航的施工要求，经协商沟通，在滑行道两侧道肩上布设深层点，在未布设深层监测点的跑道上，以油漆在道面上做好标记作为监测点进行监测。在 T0/T3 实施自动化监测，在夜间沟通的时间段内再进行人工监测（油漆标示监测点）。

监测手段采用以自动监测为主、人工监测为辅的结合方式，主要采用全站仪自动监测（无棱镜）、人工地表沉降监测（在夜间沟通时间段进行人工监测）等方式。将人工监测数据与自动监测数据进行对比分析，以确保监测数据的准确性和可靠性。同时注重纵向和横向监测断面的布置，以便收集多方面数据，进行综合分析。

滑行道监测点布置概况见表3－4，盾构穿越滑行道监测布点示意图如图3－12所示。

表3－4　滑行道监测点布置概况

监测项目	监测区域	测点数量	备　注	监测要点
全站仪自动化沉降监测	T0、T3滑行道200 m范围	轴线点：36个 滑行道测点：80个	布设固定的仪器观测墩台	采用人工复测方法，轴线沉降点必测，必要时对全自动扫描测量进行精度分析
地面沉降和分层沉降监测（人工）	T0滑行道（目前运行）	左、右线南北两端道肩位置各布设两个深层点，T0滑行道南侧围界外左右线各布设一个土体分层沉降孔，孔深7 m	机场部门考虑到对跑道（T0、T3）结构的不良影响，减少深层点布设	在夜间沟通时间段进入机场控制区监测，轴线沉降点必测，遵守好机场不停航施工要求
地面沉降（夜间人工监测）	T3滑行道（盾构穿越时运行）	左、右线南北两端道肩位置各布设一个深层点（孔深7 m）	在滑行道道肩位置布设地表深层监测点	在夜间沟通时间段进入机场控制区监测，轴线沉降点必测，遵守好机场不停航施工要求
地面沉降（夜间人工监测）	T3滑行道（5月初关闭，设成非禁区管理）120 m范围	左、右线各布设20个地表深层点，左、右线在T3南侧土面区布设土体分层沉降孔（孔深7 m）	以钻孔（孔径110 mm）的方式，钻透滑行道结构硬壳层，布设地表深层监测点	按2次/d的监测频率进行监测

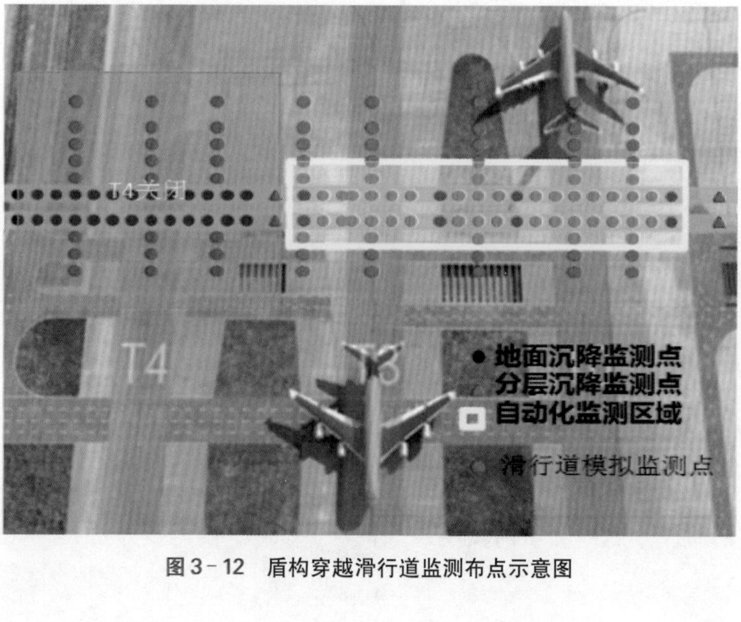

图3－12　盾构穿越滑行道监测布点示意图

2）隧道沉降、收敛监测

隧道沉降、收敛监测测点布设范围为整条隧道，测点间距为 5 环布设 1 点，点位应考虑观测方便又能长期保存，测点一般设在隧道拱底。

3.6.4 监测结果与分析

为了较好地验证自动化监测效果，选择与人工监测时间段相同的数据进行对比分析，监测时间约为每天早晨 9 时左右。限于篇幅，本节仅以左线 Z368、Z378、Z388 监测点不同监测时期的变形量为例，对两种监测方法的监测成果进行对比分析，如图 3－13～图 3－15 所示。

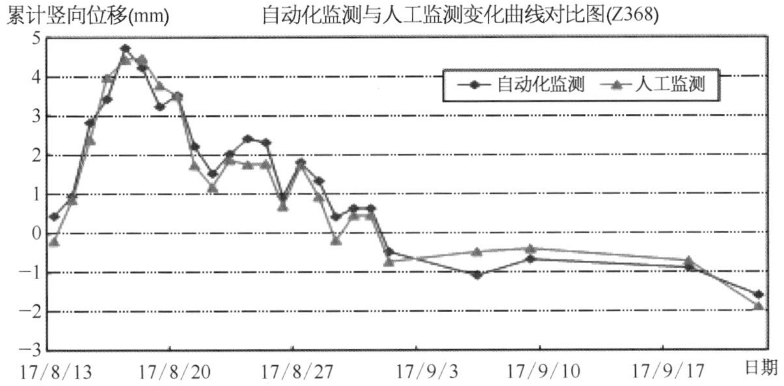

图 3－13 Z368 号监测点

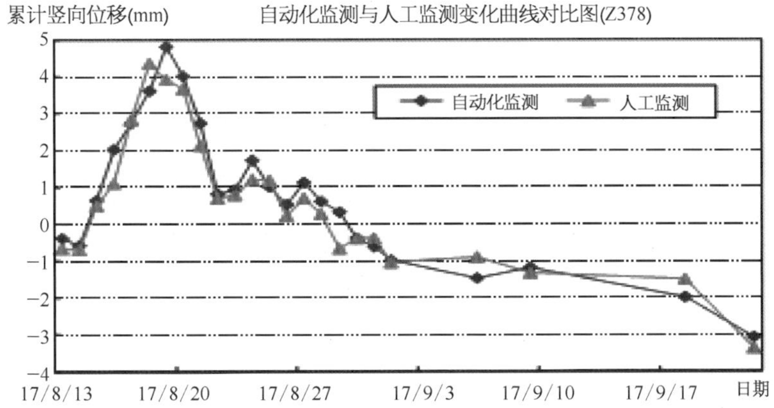

图 3－14 Z378 号监测点

通过分析图 3－13～图 3－15 可以发现，自动化监测成果与人工监测成果走势整体一致、有较高的吻合度，可以很好地反映由施工工况引起的监测成果变化。以图 3－13 所示为例，盾构头距离 Z368 监测断面尚有一段距离时，监测点处土体已经略微有所隆起；8 月 14 日盾构头到达监测点所在位置时，地表隆起发展迅速；盾构身穿越监测点位置土体时，地表隆起仍然继续增加；8 月 17 日盾构尾部

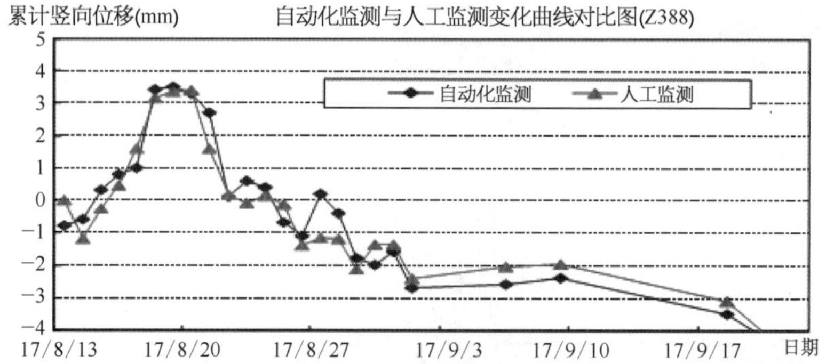

图 3－15　Z388 号监测点

脱离监测点区域土体时，地表则开始出现下沉现象，并最终趋于稳定，总体上呈下沉趋势，最大隆起量约 5 mm，最大下沉量约 4 mm。

自动化监测成果总体上波动较大，而人工监测成果则相对比较平缓，波动更小，两者差值约 0.5 mm。究其原因，认为可能与滑行道面的凹槽以及温度有关，自动化监测与人工监测相比，受外界影响因素更多，但是总体上可以满足监测精度要求。

3.7　施工效果

浦东机场三期扩建工程捷运系统土建工程施工过程中克服了穿越机场建(构)筑物及管线、长距离小半径施工、盾构浅覆土进出洞施工、穿越机场滑行道、盾构隧道下穿航油管线等诸多困难，且隧道管片环缝、纵缝张开及相邻环高差等指标控制得较好，少数有超标，综合评定符合验收标准。椭圆度收敛值、隧道轴线等指标均符合设计及规范要求。成果示意图如图 3－16～图 3－23 所示。

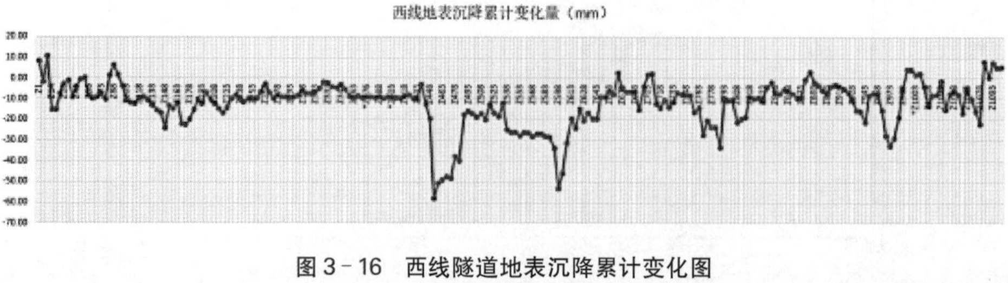

图 3－16　西线隧道地表沉降累计变化图

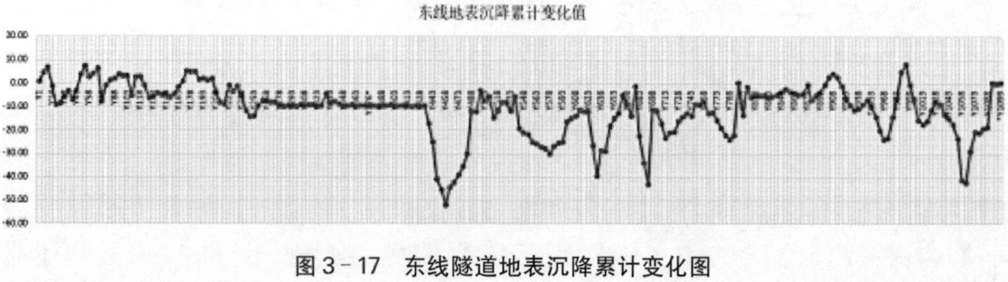

图 3－17　东线隧道地表沉降累计变化图

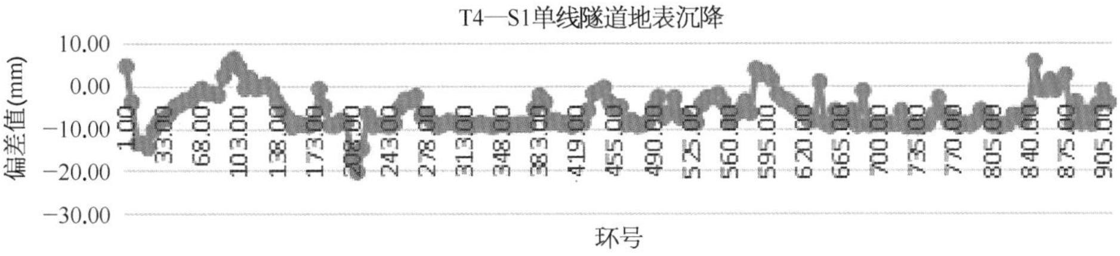

图 3－18　单线隧道地表沉降累计变化图

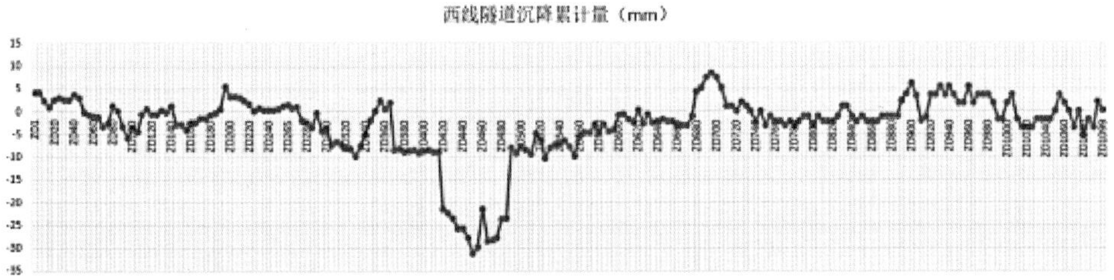

图 3－19　西线隧道沉降累计变化图

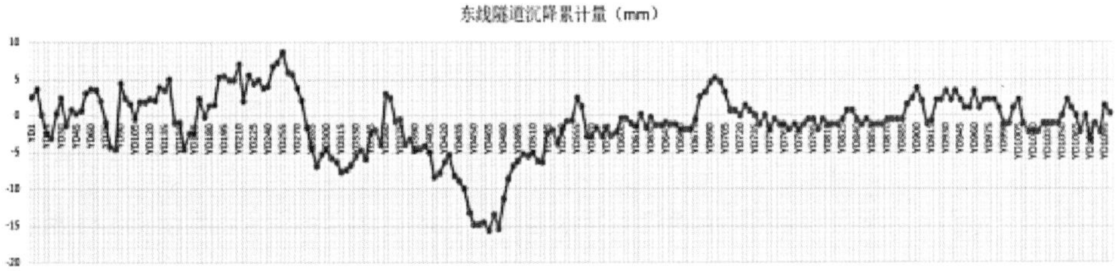

图 3－20　东线隧道沉降累计变化图

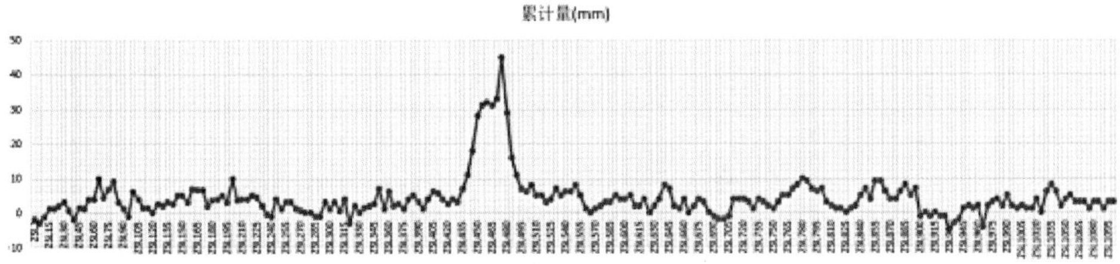

图 3－21　西线隧道收敛变化图

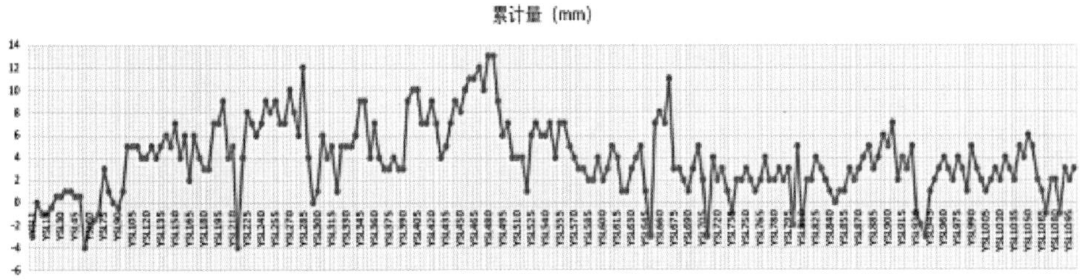

图 3－22　东线隧道收敛变化图

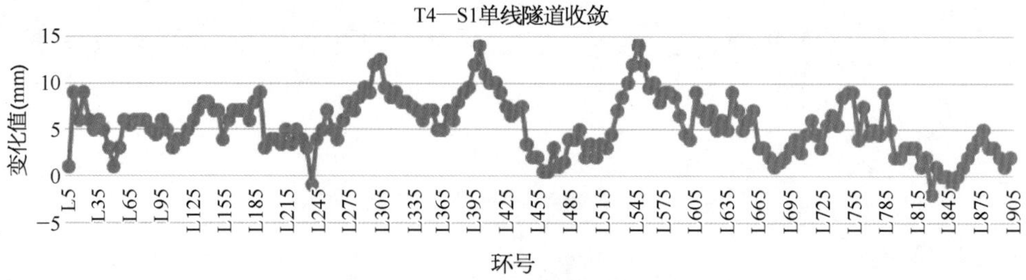

图 3－23　单线隧道收敛变化图

第4章 飞行区桥梁工程施工技术与管理

先简支后固结整体式桥梁的特点是将桥梁上部结构的主梁与下部结构的桥台浇筑成整体，从而形成一个上、下部结构整体受力的框架结构，在受力上具有较强的整体性。其具有节省桥梁养护费用、改善行车状况、减少车辆的冲击和提高桥梁使用寿命的优点，特别适用于机场区域桥梁大荷载的使用要求。

目前整体式桥梁在国内应用相对较少，在机场工程中应用更少。掌握“先简支后固结”整体式桥梁施工关键技术，以保证桥梁安全和耐久性，具有现实的应用意义。

本章结合浦东机场三期扩建工程桥梁工程，重点针对该工程有关先简支后固结特殊结构桥梁技术施工过程中的相关成果进行梳理和总结，以期为后期相关项目的实施提供参考借鉴。

4.1 工程概况

4.1.1 主要施工内容

三期扩建核心区平面示意图如图 4－1 所示。

根据总体布置，浦东机场三期扩建项目新建的机坪、服务车道及多条滑行道与现有的机场南进场路相交，需要在现南进场路地道敞开段修建滑行道桥。本工程拟建桥梁分列进场路纵轴线的东西南侧，按其方位进行编号，东侧为 ET1～ET5 滑行桥、ES1 服务车道桥，西侧为 WT1～WT5 滑行道桥、WS1 服务车道桥，共 12 座桥梁。桥梁总面积 24 075 m^2，具体桥梁概况见表 4－1。

4.1.2 主要施工工艺

1）桥梁上部结构

后张法预制箱梁结构按梁高分为 1.6 m 和 1.3 m 两种，边梁和中梁结构尺寸相同。

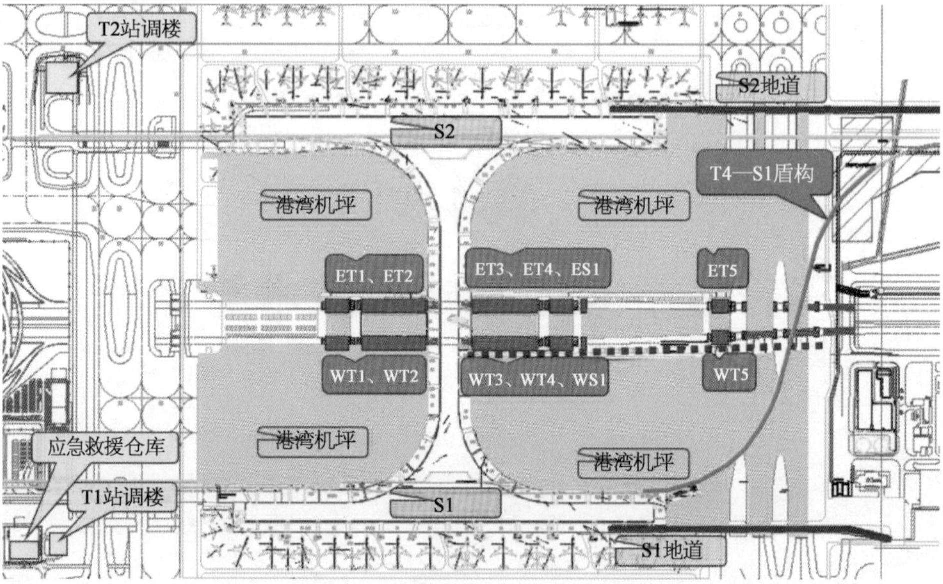

图 4-1　三期扩建核心区平面示意图

表 4-1　飞行区桥梁工程概况一览表

桥 梁 编 号		桥宽(m)	荷载标准	结构形式	桥梁面积(m^2)
ET1、WT1 滑行道桥		55.5	E类飞机	整体式桥梁	2 775
ET2、WT2 滑行道桥	Q1	54.25	E类飞机	整体式桥梁	2 712.5
	Q2	50	特殊车辆	整体式桥梁	2 500
	Q3	52.5	C类飞机	整体式桥梁	2 625
ET3、WT3 滑行道桥	Q4	52.7	C类飞机	整体式桥梁	2 635
	Q5	50	特殊车辆	整体式桥梁	2 500
	Q6	54.55	E类飞机	整体式桥梁	2 727.5
ET4、WT4 滑行道桥		55.5	E类飞机	整体式桥梁	2 775
ET5、WT5 滑行道桥		45	E类飞机	整体式桥梁	2 250
ES1 服务车道桥		13	特殊车辆	整体式桥梁	325
WS1 服务车道桥		10	特殊车辆	整体式桥梁	250
合　计					24 075

(1) 1.6 m 箱梁。中间部分预制梁高 1.6 m,梁端局部加高到 2.05 m;顶宽 4.1 m,底宽 2.5 m,腹板厚度 0.4～0.5 m,顶板厚度 0.28 m,底板厚 0.22～0.36 m。梁端临时支座间距 1.8 m,临时支座采用砂桶或硫黄支座,预留 100 mm 高度。

(2) 1.3 m 箱梁。中间部分预制梁高 1.3 m,梁端局部加高到 1.75 m;顶宽 4.1 m,底宽 2.5 m,腹板厚度 0.3～0.45 m,顶板厚度 0.25 m,底板厚 0.22～0.36 m。梁端临时支座间距 1.8 m,临时支座采用砂桶或硫黄支座,预留 100 mm 高度。

(3) 后张法预制 T 梁。梁高 1.3 m,梁端局部加高到 1.75 m;顶宽 2.05 m,腹板厚度 0.3～0.65 m,顶板厚度 0.25 m,牛腿宽 0.65 m、高 0.4 m。临时支座采用砂桶或硫黄支座,预留 100 mm 高度。

2) 桥梁下部结构

采用钢筋混凝土台帽 + 桩基,桩基直径为 1.2 m,间距 3.2～3.6 m;台帽高度为 1.35 m,宽度为 2.3 m,长度与桥宽一致。桩基与 U 槽净距 1.55 m。桩基进入持力层不小于 3 m,桩底压浆以减少沉降。

3) 台梁固结

桥台与预制箱梁固结采用台帽及预制梁中后浇混凝土实现,后浇部分宽度 1.7 m,高度 2.15 m 或 1.85 m。

4.1.3 工程建设条件

4.1.3.1 自然环境

拟建场地位于浦东机场飞行区现有隔离围界外南进场路东线、西线地道处,西侧邻近飞速路,地势较平坦。通过勘察表明,拟建场地地基土分布较稳定,在所揭露深度 65.38 m 范围内的地基土均属第四纪上更新世 Q3 至全新世 Q4 沉积物,其主要由黏性土、粉性土、砂土组成,一般具有成层分布特点。根据土的成因、结构及物理力学性质差异可划分为 6 个主要层次,其中第②、③、⑦层可划分出 2 个亚层,第⑦2 层又可划分出 2 个次亚层。拟建场地缺失上海地区统编地层第⑥层暗绿色硬土层。地质勘察报告推荐第⑦2－2 层粉砂层作为桥梁桩基持力层。

4.1.3.2 周边管线情况

1) 周边现有管线对飞行区桥梁施工有不同影响

南进场地道东线东侧现有 6 条管线,其中地道东线的雨水管、输水管 2 条管线位于地道结构内,不对飞行桥造成影响。其余 4 条管线均位于飞行区桥梁施工范围内,将影响三轴水泥搅拌桩(属站坪场道标范围)及本次桥梁钻孔灌注桩施工。同时部分新建管线也位于站坪标段三轴水泥搅拌桩施工区域内。南进场地道东线地道管线示意图如图 4－2 所示。

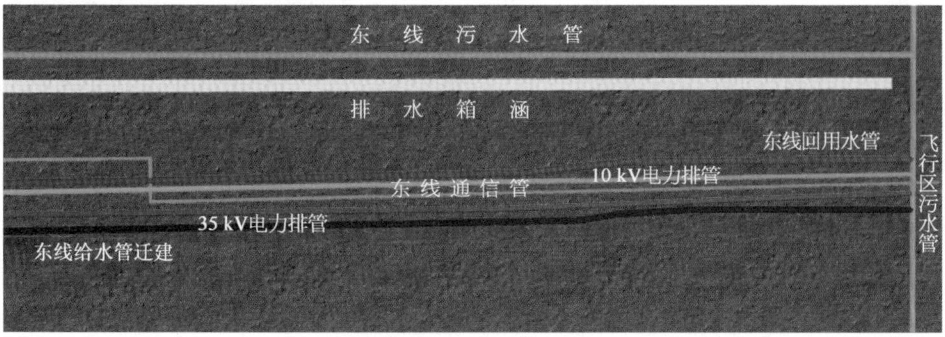

图 4－2 南进场地道东线地道管线示意图

2）飞行区桥梁施工影响区域现有管线搬迁

（1）南进场路地道东线输水管线，天然气 2 条管线紧贴道桥灌注桩桩位，在施工前由管线搬迁承包单位将管线搬迁至新建管线区域。

（2）电力管线由管线搬迁承包单位完成搬迁。

（3）信息管位于三轴水泥搅拌桩范围，要求站坪施工单位进行管线原位保护施工。

4.1.3.3　周边建（构）筑物

本工程周边建（构）筑物主要包括南进场路。南进场敞开段分为东、西两线（图 4-3、图 4-4），单线为单向 4 车道，U 槽结构净间距 16.5 m，U 槽侧壁厚度均为 0.9～1.1 m，U 槽总宽度 18.3～18.7 m。每隔 5 m 设置一道光栅梁，光栅梁高为 1.1 m，梁下结构净空要求 4.5 m。光栅梁底面距路面净高为 4.8 m。

图 4-3　南进场路西线

图 4-4　南进场路东线

4.2　先简支后固结整体式桥梁施工质量控制措施

4.2.1　桥头搭板防脱空沉降综合处理措施

4.2.1.1　搭板概况

为减少桥台和地坪的不均匀沉降，台后设置 8 m 长搭板，搭板厚 600 mm（其中支点处 500 mm），搭板一端支撑在台背牛腿上、一端支撑在卧梁上。WT3～WT5、WS1 桥梁与综合管廊较近，本次工程范围内西侧搭板长 2.5 m，预留与综合管廊处搭板的铰接钢筋。

本工程涉及很多桥头搭板构件。长期使用过程中飞机重载必然会导致桥梁搭板脱空、沉陷等先期病害，形成搭板断裂和跳车等现象，造成飞机行驶不平稳，甚至会对桥涵的整体结构形成严重危害。预防和解决桥头搭板脱空问题，延长飞行桥使用寿命，具有重要意义。

4.2.1.2　桥头搭板脱空分析

1）桥头搭板脱空的病害特点

由于搭板支撑在台背牛腿一侧的地基有桩基，之后沉降较小，而与水泥混凝土相接的一侧仅作搅拌桩加固，下沉较大，容易出现脱空沉陷，导致搭板与路面相接处形成裂缝。同时由于搭板脱空，飞机行驶过搭板产生剧烈颤动，雨雪天气积存的水顺着搭板裂缝渗入基层，冲刷地基，形成积水，桥下可见泥浆顺桥台涌出，致使脱空进一步加重。某些脱空严重的搭板甚至发生断裂，严重影响飞行区桥梁构筑物的稳定性和飞机滑行的安全性、舒适性。

2）桥头搭板病害原因分析

结合本工程状况，综合分析桥头搭板病害原因如下：

（1）搭板卧梁下地基处理不到位，回填材料密实度不均匀，台背填料选取不当或压缩不实也易引起路基的沉降。若选取材料的强度不够或摩擦角过小，使得路基的承载力和抗剪切能力不够，在自身重量和外界载荷的作用下容易造成沉降。另外对于本工程桥台回填来说，重型压路机难以靠近桥台进行压实，但振动压路机可能破坏桥台的结构，从而使台背后回填砂不易达到设计的压实度要求，这样一旦在自重及飞机的垂直荷载与振动作用下，就会在一定期限内使填料逐渐被压缩，密实度逐渐增大，产生沉降，搭板下脱空，最终开裂。

（2）桥台与搭板处上层不设缝，搭板与水稳道面相接处设变形缝。该处变形缝容易出现填料流失和养护不及时造成的雨水渗入。在荷载作用下，雨水和路基材料中的细集料形成唧浆和泥浆顺桥台流出，致使板底下的细组料不断减少，进而形成脱空。由于桥涵运营中挠度（弯沉）作用，导致伸缩缝与搭板之间缝隙张裂。养护、灌缝不利造成路面水渗入和台背下沉，并对台背造成进一步下滑牵引。一旦有水渗入，飞机滑行驶过时造成的真空泵吸冲刷搭板下部细组料成分造成脱空，步入恶性循环。

（3）刚柔突变引起沉陷。搭板两侧以及下方填筑物由于刚度不同，其在接缝处所产生的振动效果也不同，刚性材料对能量的吸收要比柔性材料小。由于桥台由钢筋混凝土浇筑而成，整体刚度非常大，属刚性体；而下方回填的中粗砂刚性较小，属柔性较大的塑性体。两者之间显然存在着较大的刚度差，在长期荷载作用下可能引起其间产生较大的刚度突变和较大的塑性变形相对差，即引起明显的沉降现象，搭板下形成脱空而最终开裂。

（4）搭板设计强度不足或施工质量欠佳。搭板如果设计强度不够，或者搭板本身施工质量无法保证，那么在载荷作用下也会出现裂缝甚至断裂。

3）搭板脱空的确定

（1）简单的桥头搭板脱空可以采用观察法或者沉降观测进行确定。观察法是通过肉眼观察接缝、裂缝、唧泥等情况来初步确定脱空的。当飞机滑行驶过、能感觉到搭板有竖直位移时，或下雨后有明显的跳车或明显的沉陷现象时，都可以认为是存在脱空。沉降观测应该进行周期观测，若出现较大的沉降，则可以判断为出现脱空的现象。

（2）弯沉判别法。利用落锤式弯沉仪通过计算机系统控制下的液压系统启动落锤装置，使一定质量的落锤从一定高度自由落下，冲击力作用于承载板上并传递到搭板面层，从而对道面施加脉冲荷载，导致搭板表面产生瞬时变形，分布于搭板表面的传感器能够检测到结构层表面的变形，记录系统将信号传输至计算机，即测定在动态荷载作用下产生的动态弯沉及弯沉盆。测试数据可用于反算路面结构层模量，从而比较科学地评价路面的承载能力。

(3) 运行一段时间后，也可以借助探地雷达(GPR)来确定。它可以检测搭板下填土的缺陷和位置，方便确定无明显表观质量问题时内部的缺陷。探地雷达能够根据回波信号识别出空洞、裂纹、松散、剥落、脱空、地基缺陷等结构性缺陷问题。雷达技术是一种先进、高效、无损、连续的检测技术，它能精确地确定缺陷区的形状、大小、深度，能在大范围内进行检测和定位，且劳动量小、装备轻、方便使用，不受周围环境的影响。

4.2.1.3 搭板下回填料处理

采用轻质泡沫土，减少路桥不均匀沉降问题。通过采用轻质泡沫土作为桥台一侧的回填土，可以大大减轻对软基的荷载，从而使得路基的工后沉降量大大减少，能有效地解决因桥基间差异沉降等引起的桥头跳车问题。

1) 轻质泡沫土试验段概况

轻质泡沫土主要用于高填方路段，用于减少附加荷载引起的路基工后沉降，且在工程中有较多案例。采用轻质泡沫土具有一定的可行性，考虑到机场的特殊荷载要求以及工作环境为水下的特殊情况，在服务车道桥区域做了一部分试验段，作为与中粗砂回填的对比材料，为后期工程建设积累经验。针对搭板的结构形式、地质特点、地基处理方式等实际工况，结合以往施工经验，认为若在台背回填区范围内使用中粗砂作为填料，由于其内摩擦角较小，若压实质量不好，易引起较大的沉降。在此范围内可选用摩擦角大、强度高的填料如轻质泡沫土，轻质泡沫土不仅施工速度快，而且具有轻质性、自立性，其一方面可以避免回填后的沉降，另一方面可减少填料对桥台的侧压力。该处桥台基坑填料采用轻质泡沫土填筑。由于桥梁工程基坑部分区域在水位线以下(≤3 m)，经项目部与专业单位沟通，结合以往工程案例，轻质泡沫土采用 CF0.8 级，最小容重等级为 W6 级即可满足要求。考虑长期水浸条件下后期对强度可能造成的影响，经与设计单位沟通确认，建议提高强度等级至 CF1.0，最小容重 W8。相关材料运用应符合设计说明中有关路基材料的技术指标要求，并满足《气泡混合轻质土填筑工程技术规程》(CJJ/T 177—2012)。

根据现场实际情况，在二次桥台混凝土浇筑施工完毕并养护 3～7 d 后可进行该段轻质泡沫土施工。轻质泡沫土采取分层施工，每层厚度约为 1 m，每层台阶宽度为1 m 。回填区域采用防渗土工膜覆盖包裹，防渗膜宜选用聚乙烯或聚氯乙烯复合土工膜，在靠近桥台层设置 25 mm 厚的聚苯乙烯板，距底部及顶部各 50 cm 以内设置一层 $\phi 4@80 \times 80$ 的钢丝网。轻质泡沫土回填示意图如图 4－5 所示。

2) 轻质泡沫土施工工艺

(1) 基坑处理。根据施工图尺寸要求进行放样，做好标记。轻质泡沫土基坑四周做好排水措施，采用挖排水沟和集水强排的方法进行排水。同时应注意基坑面的稳定性。

(2) 碎石垫层及混凝土底板施工。基槽挖好后进行 10 cm 碎石垫层施工，碎

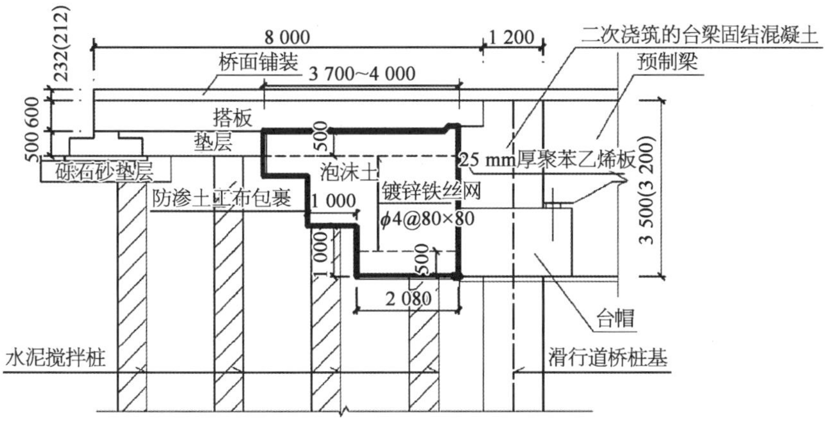

图 4－5　轻质泡沫土回填示意图

石要求满足设计图及相关施工规范要求。轻质泡沫土施工采用台阶式翻挖回填处理，每层台阶厚度为 100 cm、宽度为 100 cm，原地面和每层台阶顶面采用加筋处理，加筋材料采用玻璃纤维土工格栅。

(3) 发泡、混合搅拌轻质泡沫土的配置。在水泥、水充分混合成浆状之后，通过发泡装置产生的气泡加入其中而成。

3) 轻质泡沫土浇筑要求

(1) 轻质泡沫土中气泡群采用发泡设备预先制取，不宜采用搅拌方式制取。

(2) 新拌轻质泡沫土宜采用配管泵送，单根浇筑管浇筑时，浇筑方向宜从长轴中间位置附近向两端浇筑，若采用两根浇筑或以上的也可从两端向中间浇筑。当浇筑层存在明显高差时，应自较低的位置浇筑。

(3) 气泡群应及时与水泥基浆混合均匀，新拌轻质泡沫土在泵送设备、泵送管道中的停置时间不宜超过 1 h。

(4) 浇筑时应分层、分块进行，单层浇筑时间不应超过水泥的初凝时间，上一层浇筑应在下一层终凝后进行；浇筑过程中，泵送管出口应与浇筑面保持水平，不宜采用喷射方式浇筑，出料口距离泡沫土流动表面高度须控制在 1 m 以内。

(5) 浇筑时，如遇大雨或持续小雨天气时，应对未硬化的填筑体表层进行覆盖。

(6) 新拌轻质泡沫土试样宜在浇筑管口制取。取样频率根据要求，当连续浇筑小于 400 m^3 时，每 200 m^3 制取一组试件；连续浇筑大于 400 m^3 时，每400 m^3 制取一组试件，同时每构造单元应至少制取两组试件，一组检测容重，一组检测强度。试件为 100 mm × 100 mm × 100 mm 立方体，每组 3 块，试件养护为 20℃ ± 2℃条件下密封养生 28 d。

(7) 养护要求：在完成填筑体顶层施工后，应立即对填筑体表面覆盖塑料薄膜或土工布保湿养生，养生时间不宜小于 7 d；轻质泡沫土成型 7 d 后，方可进行外侧边坡的碾压施工。在填筑体达到设计抗压强度后，方可在填筑体顶面进行机械或车辆作业。作业前，应先铺盖一层覆盖层，厚度不宜小于 20 cm。

(8) 钢丝网施工：钢丝网为 ϕ4 mm，间距为 80 mm。相邻两块钢丝网搭接宽度不宜小于 20 cm，宜采用铁丝绑扎；上下两层钢丝网间距若在 50 cm 以内，搭接部位应错开 50 cm 以上。

(9) 沉降缝设置：根据本工程情况，轻质泡沫土浇筑长度约为 15 m，可不设置沉降缝。

4) 质量控制

(1) 根据规范要求，施工前和施工过程中须分别对气泡群密度、湿容重、流动度进行自检。具体控制要求见表 4－2。

表 4－2　轻质泡沫土材料质量检验

项次	检 验 项 目	允许偏差	备　注
1	气泡群密度(kg/m^3)	48～52	每班开工前自检 1 次
2	湿容重(kN/m^3)	±0.5	连续浇筑每 100 m^3 自检 1 次
3	流动度(mm)	160～200	连续浇筑每 100 m^3 自检 1 次

(2) 发泡剂：为确保轻质泡沫土的质量，发泡剂的性能应满足表 4－3 要求。

表 4－3　发泡剂性能参数

序号	项　目	性 能 要 求	备　注
1	稀释倍率	不小于 40 倍	
2	发泡倍率	不小于 20 倍	
3	环境要求	符合国家相关环保要求	
4	室内湿容重试验允许误差	±0.5 kN/m^3	

(3) 填筑体检验项目见表 4－4。

表 4－4　轻质泡沫土成型质量检验

项次	检 验 项 目	允许偏差	备　注
1	表干容重(kN/m^3)	平均值≤W8 MAX≤8.5	每班组 1 组
2	抗压强度(MPa)	CF1.0	每班组 1 组
3	顶面高程(mm)	+50，－30	每 20 m 测 1 点
4	轴线偏位(mm)	50	每 20 m 测 1 点
5	宽度(mm)	不小于设计值	每 20 m 测 1 点
6	基底高程(mm)	±50	每 20 m 测 1 点

5）轻质泡沫土回填的优势

轻质泡沫土具有高强轻质的特点，可以降低地基应力，减少地基差异沉降，吸收搭板道面上的冲击能量，从而有效解决桥头跳车等问题。而且相比较而言，轻质泡沫土施工便捷、回填速度快，具备可泵性好、抗压强度高等优良性质。

4.2.1.4 其他预防沉降的措施

1）施工过程中控制措施

（1）为了减少因沉降量不同导致的搭板沉降，和设计单位沟通后，同意调节搭板与台帽连接处理，设置铰缝，防止搭板与桥台不均匀沉降。搭板与台帽竖向连接底部 24 cm 高度处采用丁腈软木橡胶板填塞，取消桥台预埋钢筋水平段，增设 40 钢管；同时取消与管廊搭板连接处的拉结筋，增设卧梁。

（2）为应对台后填土可能脱空的情况，采用注浆填充处理，注浆在搭板上开孔孔径不大于 7 cm。施工搭板前，先将注浆孔的位置定好，搭板钢筋预先避开注浆孔位；搭板及铺装施工完毕后，在场道面标记注浆孔位。

2）施工完毕后对搭板沉降和断裂建议采取的措施

（1）养护过程中注重保护变形缝位置橡胶板的密封胶等密封物，防止地表水过多渗入地面以下形成脱空、唧泥、沉陷等危害。

（2）传统的搭板灌浆方法是通过注浆管，施加一定压力，将浆液均匀注入板底脱空区域、板下基（垫）层中，以填充、渗透、挤密等方式，赶走板底、基层裂隙中的积水、空气后占据其位置，使路基土体孔隙比减小、强度提高，同时水泥浆液中添加了微膨胀剂，水泥胶体膨胀后可以起到抬升搭板的作用，达到填充搭板下的空洞、加固路基的目的。经过人工控制一段时间后，浆液将原来的松散颗粒或裂缝胶结成为整体。因而要求填充拌和物应有较好的黏聚性、较高的流动性和较小的干缩性，并要求在注浆过程中不离析、不泌水。胶凝材料要保证注浆拌和物能顺利地压入板底，要求注浆拌和物具有良好的可泵性、保水性，因此选择保水性好、泌水性小的水泥作为注浆拌和物的胶凝材料。注浆方式可采用自流和压力灌注相结合，在注浆顺序上，先施工边缘帷幕孔，再施工加固孔。注浆通常采用自流和压力灌注相结合的方式进行。注浆时采用多孔多次灌入的方法且速度由快到慢，顺序先低后高，加压大小视情况而定。单孔压浆结束标准是邻孔注满自溢，然后再换其他孔注浆，保证搭板下填满，使搭板具有足够的承载力。当注浆压力达到设计要求时，终止注浆。

4.2.2 先简支后固结整体式桥梁固结段施工质量控制措施

4.2.2.1 先简支后固结原理

1）受力原理

由简支到固结是集中力向连续均布载荷的一个体系转化。梁安装在简易支座上时，下部墩台受到四个支座处的集中力，局部受剪切力较大，在后浇段完成、简易支座拆除后，墩台受到上部二次桥台连续均布的荷载，形成一个均匀受力整体，从而大大降低了局部剪切力。

2）施工工艺流程

下部基础结构施工→箱梁预制施工→箱梁吊装→湿接缝施工→连接钢筋连接→二次桥台(连续段)→预应力二次张拉→临时支座拆除→桥面铺装、防撞墙等二期恒载附属工程。

4.2.2.2　先简支后固结固结段控制要点分析

1）预制梁架设控制

原通行道两边的侧壁导墙高于桥台，梁架设前先对其原有导墙进行改造，根据梁的截面尺寸，对导墙进行切割和修补；先根据梁的截面尺寸将导墙切割成一个个U形槽，后U槽表面凿毛、植筋后用同标号混凝土修补，确保U槽表面的结实、光滑。

(1) 支座定位控制。由于整个桥的预制梁是架设在连续墩台上面的，故支座的水平定位决定了每片梁的架设位置。先用全站仪对每片梁架设的中心进行定位，然后准确定位每个支座。

(2) 架设标高控制。对一次桥台表面进行清理，以保证整个面积上的均匀压力。利用支座的可调整性对梁的架设水平高程进行控制，通过调整确保架设高度的准确性。

2）一次桥台与二次桥台的浇筑衔接施工控制

由于先简支后固结连续梁在梁与墩台的连接，需要再浇一次混凝土而实现，所以在混凝土浇筑连接过程中就存在一个新老混凝土结合面的处理工作。

在预制梁完成和一次桥台浇筑完成后、预制梁安装之前，将预制梁的端头和一次桥台的上表面进行凿毛，要保证具有绝对的粗糙度以露出石子儿为止。在浇筑混凝土时，桥台表面湿润并座浆，以确保新老混凝土的良好结合。根据一些试验资料显示，新老混凝土连接面上的抗拉强度与施工缝处理方法有关。如在二次浇筑前先将水平缝铲去约1 mm水泥浮浆，再在施工缝上铺水泥砂浆，则二次浇筑的混凝土抗拉强度可以达到同时浇筑混凝土强度的96%；如果不除去旧混凝土连接面上的浮浆，则这一数据降至45%，因此对结合面的处理，决定了新老混凝土的连接质量。

3）固结段混凝土施工技术控制

混凝土浇筑完毕后，在混凝土初凝时由于沉实泌水、蒸发，干集料或干燥底层吸收使混凝土中的水分损失，体积因失水而减少，从而产生塑性收缩。塑性收缩量(即混凝土减少的量)等于其损失水的量，这种收缩量要比混凝土硬化后的收缩量要大几倍。混凝土就会在表面产生塑性裂缝，一般间距为3～10 mm，深度2～5 mm。另外，混凝土内部的不均匀和不规则的部位，如钢筋表面和粗集料上方等薄弱点，也极易产生裂纹或裂缝。混凝土表面水分的蒸发速度与温度、湿度和风速有关，混凝土若处于温度高、湿度低和风速大的环境中，其蒸发速度将大大加快，在高温天气施工，混凝土由于温度高，表面水分大量蒸发是产生塑性收缩裂缝的主要原因。施工中采取以下措施：

(1) 应尽量避免在高温或大风天气施工，根据天气预报和实际施工天气状况合理安排施工时间段，一般在早上6～9时和下午4时以后进行混凝土浇筑作业。

(2) 用水浸湿干集料或吸水集料；在风速较大时，设立临时挡风设施以降低混凝土表面的风干速度；尽量降低混凝土的浇筑温度；避免浇筑过程中产生中断或停顿，缩短浇筑与养护之间的时间间隔，假如浇筑时因故障中断，应对已浇筑的混凝土及时盖护，以避免蒸发，抹面完毕后立即用土工布覆盖并洒水保持湿润。如发现新浇混凝土表面发生了裂纹和裂缝，必须多次收光，保证在混凝土终饰抹面过程中加以消除。

4) 防水防固结段混凝土产生裂缝的预防措施

为防止大体积混凝土因水化热引起的温度差产生温度应力裂缝，从材料选择、施工技术措施进行控制，同时由于桥台施工完成后回填埋在土里，防止后期开裂产生渗水，在桥台完成后对桥台端头暗埋段进行防水处理。

(1) 材料选择控制。

① 水泥。考虑到普通水泥水化热较高，产生的大量水化热在混凝土内部不易发散，导致混凝土内部温度过高，与混凝土表面产生较大的温差，从而在混凝土内部由于水化热产生压应力、由于表面初凝收缩产生拉应力。当混凝土早期的抗拉强度不足以抵抗混凝土表面的拉应力时就会产生温差裂缝，因此施工时采用水化热较低的矿渣硅酸盐水泥，通过掺加合适的外加剂改善混凝土的性能，以提高抗渗能力。

② 粗骨料。采用碎石，一般粒径范围在5～25 mm，含泥量不得大于1%。选用粒径较大、级配良好的石子儿，混凝土的和易性较好，抗压强度高，同时可以减少水泥用量，从而减少混凝土的水化热，降低混凝土的升温。

③ 细骨料。选用中砂，砂的平均粒径不大于0.5 mm，且含泥量不得大于5%。选用平均粒径较大的中、粗砂拌制的混凝土，与细沙拌制的混凝土相比较，可减少10%左右水的用量，同时可以减少水泥用量，从而减少混凝土的收缩。

④ 粉煤灰。由于混凝土的浇筑方式是泵送，为了便于泵送，考虑掺和适量的粉煤灰以改善混凝土的和易性。按照规范要求，采用矿渣硅酸盐水泥拌制大体积混凝土时，粉煤灰最大用量可为25%。粉煤灰对混凝土的和易性和减少水化热极为有利，但是对混凝土的早期抗拉强度值有所降低，对混凝土的抗裂抗渗性能有所降低。因此在本次施工中粉煤灰的掺量应控制在10%以内，采用外掺法，即不减少混凝土中水泥的用量，按照配合比计算出每方混凝土所用粉煤灰的用量。

⑤ 减水剂。每立方米混凝土加入2 kg减水剂，加强对混凝土收缩的补偿功能，以提高混凝土的抗裂性能。

(2) 技术措施。除前面叙述的浇筑措施外，对混凝土做好测温和后期养护工作。混凝土浇筑完成时，立刻对桥台外部覆盖及洒水；在拆模后，对桥台内混凝土及时浇水降温，以防止混凝土开裂。

(3) 预防开裂后渗水措施。由于桥台将来安埋在土里，如果以后开裂发生渗水等现象处理将会极其麻烦，为了防止这种现象发生，对桥台端头做防水处理。具体做法如下：

① 在暗埋段端头做防水处理，首先将拆模后切割掉的对拉螺杆端头抹一层

砂浆,防止生锈后沿拉杆孔渗水,然后在桥台端头涂防水涂料。

② 在新老止水带连接的地方、混凝土连接薄弱的环节注入环氧树脂,以防止渗水。

5) 台梁固结张拉压浆质量控制

台梁固结二次张拉也是先简支后固结控制中的一个重要环节,在梁的底板采用封锚张拉,在二次桥台浇筑前,先安装波纹管和锚具,对波纹管和锚具采用精确定位,固定波纹管和锚具。在混凝土浇筑时,在波纹管内塞尼龙管,防止混凝土进入波纹管内。顶板采用单端张拉,在混凝土浇筑前将一端锚具埋在混凝土中。二次桥台浇筑完成 7 d 后,且经过检查混凝土强度达到 80%,方可进行张拉。

二次张拉的工艺流程为:预应力筋制作→波纹管定位→预应力筋安装→预应力筋张拉→压浆→封锚。

张拉时,要严格按照图纸规定的张拉顺序,先张拉底板再张拉顶板,底板采取自动张拉仪器,顶板采用千斤顶人工张拉。张拉时要对称进行,保证结构受力均匀,不出现结构受力不利的应力状态。在张拉时,实测张拉应力与设计值张拉应力控制在 6%,其合格率应控制在大于 90%。在预应力筋张拉后,实时检查构件有无出现裂缝现象,必要时应测定构件反拱值。如遇到有害裂缝,立即停止,会同设计单位处理。先张拉至 10%,持荷 2 min;再张拉至 35%,持荷 2 min;后张拉至 100%,持荷 5 min。底板两端同时张拉,在张拉完成后,切除多余钢绞线。

压浆的目的是为了保护钢绞线不生锈,在张拉完成 48 h 内必须完成压浆,压浆采用 P.O42.5 硅酸盐水泥,压浆所用水泥浆的水灰比不应大于 0.45,在拌制后 3 h 内泌水率不宜大于 2%,泌水应在 24 h 内全部被浆体吸收,孔道压浆应连续一次完成,不得中断。当发生孔道阻塞串孔或中断灌浆时,应及时冲洗孔道,采取措施重新灌浆,压浆时预留立体试块,在标养室养护 28 d、强度不得低于 30 MPa。压浆时要保证管道的密实程度,在不能确定或对密实程度有疑问时,需要进行无损探测或用钻芯取样的方法进行检测,但是取样的时候不能破坏主体结构。

在张拉完成后,对张拉口进行封锚,封头混凝土的强度等级采用 C50,凸出式锚固端的保护层厚度应满足规范要求。凸出式锚固端锚具的保护层厚度不应小于 50 mm,外露预应力筋保护层厚度处于正常环境时不应小于 20 mm,处于受腐环境时不应小于 50 mm。

4.2.2.3 效果评价

综合上述,先简支后固结梁的结构形式相对于传统意义上的连续梁而言,降低了施工难度,同时在一定程度上达到了结构连续的目的,提高了结构的承载能力,减少了梁部的伸缩缝,并控制了桥面横向裂缝的产生。随着施工方法在不断地提高与完善,会有越来越多的桥梁设计采用此种桥型。因此,在施工中应该加强质量控制,明确注意事项,认真总结经验,及时汲取教训,逐步提高和控制好结构连续施工质量。

4.2.3 桥梁工程停机坪区域钢纤维铺装混凝土配合比的优化

4.2.3.1 桥面铺装概况

本工程桥面铺装分为以下三种(图 4-6):

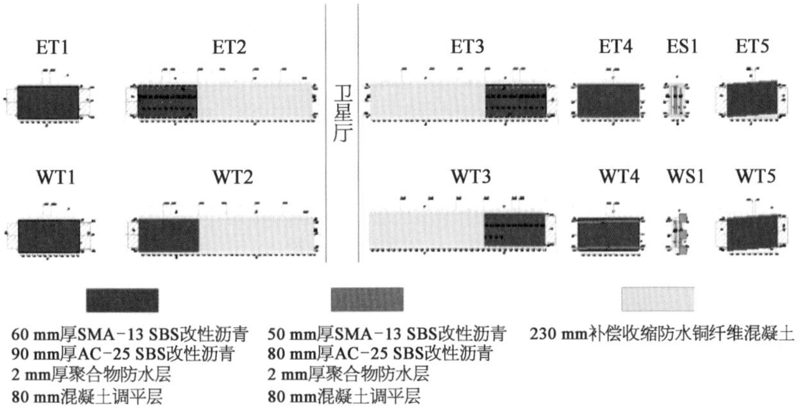

图 4-6 桥面铺装示意图

(1) 滑行道桥铺装。总厚度 232 mm,自上而下结构层为:60 mm SMA13(SBS 改性) + 2 mm 聚合物防水层 + 90 mm AC25(SBS 改性) + 80 mm 混凝土调平层(单层 8@100 带肋钢筋网片)。

(2) 停机坪铺装。总厚度 230 mm,采用 230 mm C50 钢纤维混凝土铺装(双层 8@100 带肋钢筋网片,防渗 P6)。

(3) 服务车道桥铺装。总厚度 212 mm,自上而下结构层为:50 mm SMA13(SBS 改性) + 2 mm 聚合物防水层 + 80 mm AC25(SBS 改性) + 80 mm 混凝土调平层(单层 8@100 带肋钢筋网片)。

其中,桥梁工程停机坪区域的铺装层,采用的是 C50 钢纤维混凝土,钢纤维掺量 60 kg/m^3,防渗等级 P6。

根据上述要求,前期送检混凝土配合比报告如图 4-7 所示。

4.2.3.2 施工情况

1) 初次浇筑存在问题

2018 年 7 月 16 日,在搅拌站试验场地进行了 C50 钢纤维混凝土的试验段浇筑,在浇筑过程中发现如下问题:

(1) 混凝土黏性较大,初次收水砂浆吸附抹刀现象严重,抹平困难(图 4-8);

(2) 面层混凝土与下层混凝土塑性损失程度差异大,导致二次收水时混凝土面有开口现象,无法收光;

(3) 混凝土终凝后表观有气孔、泛白,颜色不均匀;

(4) 部分钢纤维浮在混凝土表面,无法振捣下去,二次收水后存在钢纤维露头现象,影响后期的拉毛工作(图 4-9)。

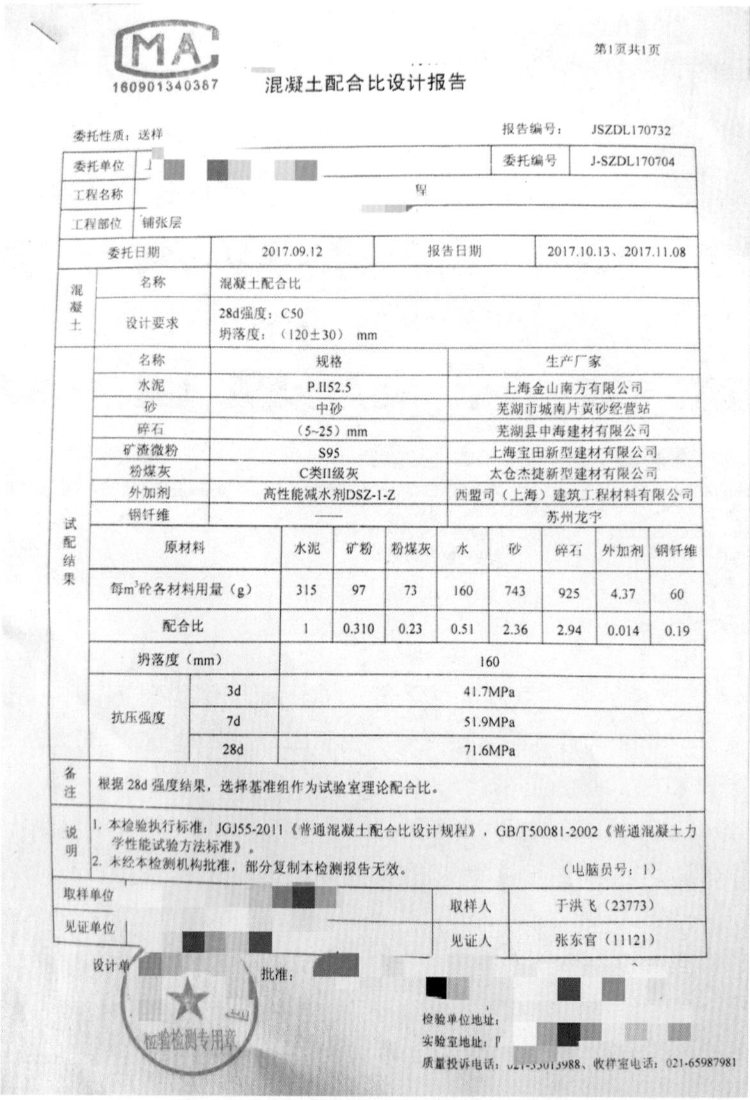

CMA 160901340387

第1页共1页

混凝土配合比设计报告

委托性质：送样　　　　报告编号：JSZDL170732

委托单位	上[redacted]	委托编号	J-SZDL170704
工程名称	[redacted]程		
工程部位	铺张层		
委托日期	2017.09.12	报告日期	2017.10.13、2017.11.08

混凝土	名称	混凝土配合比
	设计要求	28d强度：C50 坍落度：（120±30） mm

试配结果	名称	规格	生产厂家
	水泥	P.II52.5	上海金山南方有限公司
	砂	中砂	芜湖市城南片黄砂经营站
	碎石	（5~25）mm	芜湖县中海建材有限公司
	矿渣微粉	S95	上海宝田新型建材有限公司
	粉煤灰	C类II级灰	太仓杰捷新型建材有限公司
	外加剂	高性能减水剂DSZ-1-Z	西盟司（上海）建筑工程材料有限公司
	钢钎维	——	苏州龙宇

原材料	水泥	矿粉	粉煤灰	水	砂	碎石	外加剂	钢钎维
每m^3砼各材料用量（g）	315	97	73	160	743	925	4.37	60
配合比	1	0.310	0.23	0.51	2.36	2.94	0.014	0.19

坍落度（mm）		160
抗压强度	3d	41.7MPa
	7d	51.9MPa
	28d	71.6MPa

备注：根据28d强度结果，选择基准组作为试验室理论配合比。

说明：
1. 本检验执行标准：JGJ55-2011《普通混凝土配合比设计规程》，GB/T50081-2002《普通混凝土力学性能试验方法标准》。
2. 未经本检测机构批准，部分复制本检测报告无效。　　（电脑员号：1）

取样单位	[redacted]	取样人	于洪飞（23773）
见证单位	[redacted]	见证人	张东官（11121）

设计单[redacted]　批准：[redacted]

[redacted]

检验检测专用章

检验单位地址：[redacted]
实验室地址：[redacted]
质量投诉电话：021-33013988、收样室电话：021-65987981

图4-7　C50钢纤维混凝土配合比报告

图4-8　滚筒提浆情况

图4-9　二次收水情况

由于本工程停机坪铺装施工在即，混凝土配合比问题关系着施工的正常进行和工程的按期交付验收，因此决定立即对上述混凝土问题进行分析和解决。

2）原因分析

针对试验段浇筑中出现的问题，我们参考了机场道路C30干硬性混凝土的配比，发现其物理性质及力学性质的内在规律与普通混凝土不尽相同，干硬性混凝土重点要求胀缩率小，抗折强度高，耐久性好，耐磨，同时由于道面表面平整度要求高，因此要求混凝土拌和物要有一定的流动性，粗集料要有一定的嵌锁能力，水泥用量较少，表面还要形成3～5 mm厚砂浆保护层。而本次铺装层需要同时满足强度的质量要求和泵送的施工要求，必须控制骨料的粒径、砂率以及水胶比，因此本次调整方向为保持原材料不变，从配合比着手。道路混凝土与结构混凝土材料对比见表4－5。

表4－5　道路混凝土与结构混凝土材料对比

材料名称		品种规格		用量(kg/m³)	
道面混凝土	结构混凝土	道面混凝土	结构混凝土	道面混凝土	结构混凝土
水	水	自来水	自来水	120	160
水泥	水泥	52.5P.Ⅱ	52.5P.Ⅱ	316	315
	矿粉		S95		97
	粉煤灰		C类灰		73
黄砂	黄砂	中砂	中砂	610	743
碎石	碎石	5～32 mm	5～25 mm	1 424	925
外加剂	外加剂	高效减水剂	高效减水剂	6.32	4.37
	钢纤维		哈瑞克斯		60

根据现场浇筑情况以及道路混凝土对比，总结出以下几点原因：

(1) 减水剂用量过大，导致混凝土黏性较大；

(2) 胶凝材料用量过大，矿粉和粉煤灰掺量高，一次收水时表面浆量太多，且矿粉为白色，导致收光后表观有白点；

(3) 砂率过高，粗骨料嵌锁能力差；

(4) 混凝土整体坍落度太大，现场在夏季高温条件下施工，表面混凝土跟下层混凝土塑性损失差异大。

4.2.3.3　配合比优化

针对以上几点原因，对配合比做了相应调整，并制作1.5 m×1.5 m×0.23 m木模板进行浇筑试验。

1）第一次试验(表4－6)

时间：2018.7.29 15:00　天气：晴　气温：33℃

混凝土坍落度：140 mm

表 4 - 6　配合比调整(一)

材料	水	水泥	矿粉	粉煤灰	黄砂	碎石	减水剂	钢纤维
规格	自来水	52.5P.Ⅱ	S95	C 类灰	中砂	5 月 25 日	DSZ - 1 - Z	哈瑞克斯
本次用量 (kg/m³)	155	363	60	60	720	1 000	4	60
前次用量 (kg/m³)	160	315	97	73	743	925	4.37	60
对比	↓	↑	↓	↓	↓	↑	↓	
针对项	- 4		- 2	- 2	- 3	- 3	- 1	

本次试验减小了砂率和减水剂用量，降低了混凝土的黏性，减小了混凝土的坍落度，增加了粗骨料用量；针对混凝土表观问题，降低了胶凝材料中矿粉和粉煤灰掺量，但在收水过程中发现混凝土黏性还是较大，振捣后二次收光表面仍有颗粒感，且表面有少量气孔，整体平整度欠佳。第一次实验一次、二次收水分别如图 4 - 10、图 4 - 11 所示。

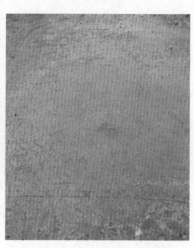

图 4 - 10　第一次实验一次收水

图 4 - 11　第一次实验二次收水

2) 第二次试验(表 4 - 7)

时间：2018.8.1 14:00　天气：晴　气温：34℃

混凝土坍落度：110 m

表 4 - 7　配合比调整(二)

材料	水	水泥	矿粉	粉煤灰	黄砂	碎石	减水剂	钢纤维
规格	自来水	52.5P.Ⅱ	S95	C 类灰	中砂	43610	DSZ - 1 - Z	哈瑞克斯
本次用量 (kg/m³)	155	480	0	0	671	1 094	3.8	60
前次用量 (kg/m³)	155	363	60	60	720	1 000	4	60
对比		↑	↓	↓	↓	↑	↓	
针对项	- 4		- 2	- 2	- 3	- 3	- 1	

本次试验针对表观问题，我们参考道路混凝土配比后去掉了矿粉和粉煤灰，进一步减小了砂率，降低了外加剂用量。试验过程中发现混凝土黏性有了较大改善，但一次收水时仍存在粘抹刀现象；二次收光后平整度基本达到了现场要求，表观质量也符合要求。但由于本次试验降低了砂率，减少了减水剂用量，混凝土坍落度变小，存在泵送困难的隐患。完成浇筑和收光效果分别如图 4-12、图 4-13 所示。

图 4-12　完成浇筑

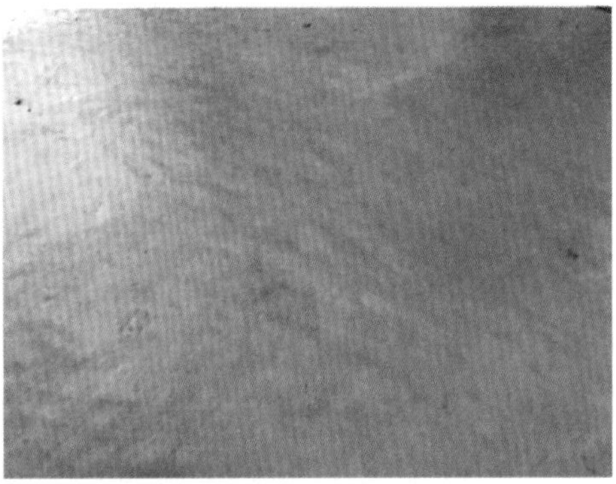

图 4-13　收光效果(一)

3）第三次试验(表 4-8)

时间：2018.8.3 16:00　天气：晴　气温：30℃

混凝土坍落度：90 mm

表 4-8　配合比调整(三)

材料	水	水泥	矿粉	粉煤灰	黄砂	碎石	减水剂	钢纤维
规格	自来水	52.5P.Ⅱ	S95	C类灰	中砂	5月25日	DSZ-1-Z	哈瑞克斯
本次用量（kg/m^3）	150	443	0	0	694	1 113	3.6	60
前次用量（kg/m^3）	155	480	0	0	671	1 094	3.8	60
对比		⬇			⬆	⬆	⬇	
针对项		-2			泵送		-1	

本次试验再次减少了外加剂的用量，消除了一次收水浮浆粘抹刀现象；稍微减少了水泥和水的用量，在保证强度的情况下减少了胶凝材料用量；考虑到现场施工的进度和难度，稍微提高了砂率，以达到泵送条件。本次试验收光后表观质量符合要求，但混凝土坍落度为 90 mm，不能满足泵送。第三次实验一次、二次收水分别如图 4-14、图 4-15 所示，收光效果和坍落度检测分别如图 4-16、图 4-17 所示。

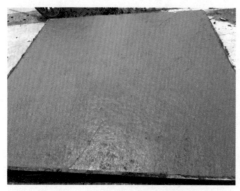

图 4-14　第三次实验一次收水

图 4-15　第三次实验二次收水

图 4-16　收光效果(二)

图 4-17　坍落度检测(一)

4）第四次试验(表 4-9)

时间：2018.8.5 16:00　天气：晴　气温：31℃

混凝土坍落度：140 mm

表 4-9　配合比调整(四)

材料	水	水泥	矿粉	粉煤灰	黄砂	碎石	减水剂	钢纤维
规格	自来水	52.5P.Ⅱ	S95	C类灰	中砂	5月25日	DSZ-1-Z	哈瑞克斯
本次用量(kg/m³)	165	434	47	0	703	1 015	3.6	60
前次用量(kg/m³)	150	443	0	0	694	1 113	3.6	60
对比	↑	↓	↑		↑	↓		
针对项	泵送		泵送		泵送	泵送		

本次试验针对混凝土坍落度，增加了用水量和胶凝材料用量，掺入了少量粉煤灰，改善了混凝土和易性，稍微提高了砂率，以满足泵送条件。本次试验结果满足了现场的收水要求、混凝土表观质量要求以及泵送要求(坍落度为 140 mm)。

收光效果和坍落度检测分别如图 4－18、图 4－19 所示。

图 4－18　收光效果(三)

图 4－19　坍落度检测(二)

4.2.3.4　施工工艺优化

在现场浇筑中，现场振捣方式为振动棒振捣，振捣方式单一，因而存在钢纤维浮于混凝土表面现象。针对此现象，模仿现场施工条件以及浇筑情况，在预制梁场制作了 5 m×10 m×0.23 m 的钢制模板，对施工工艺进行改进和调整后进行了浇筑试验。在使用振动棒振捣的前提下，增加了振动梁配合振实，使表面钢纤维可以最大程度地下沉，保证后期的刻纹工艺顺利进行(图 4－20、图 4－21)。

图 4－20　振动棒振捣

图 4－21　振动梁振实

振捣结束后使用滚筒提浆，一方面利用滚筒重力对标高进行初步调整，另一方面由于提浆作用，可使面层有足够的浆量来覆盖钢纤维以及完成后面的收水工作(图 4－22、图 4－23)。

图 4-22　滚筒提浆

图 4-23　提浆效果

滚筒提浆结束后利用平板尺，对混凝土面进行二次整平以及初步抹面（图 4-24、图 4-25）。

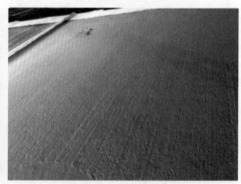

图 4-24　平板尺整平

图 4-25　平板尺抹面效果

上述工艺确保在混凝土浇筑后 0.5 h 内完成，完成后立即进行第一次收水（图 4-26）。在浇筑后 1.5 h 进行第二次收水，二次收水确保在浇筑后 2 h 前完成（图 4-27）。待混凝土接近初凝，强度足以承载工人体重，并不会有残留脚印后，可使用自动抹面机进行最后的抹面收光（图 4-28、图 4-29）。

图 4-26　一次收水

图 4-27　二次收水

图 4－28　抹面机收光

图 4－29　刻纹效果

4.2.3.5　成果和意义

本次实验一方面通过配合比调整保证了铺装混凝土表面的收光质量，在性能方面满足质量、施工、外观等多方面的要求，确保了工程的顺利进行和按期验收；另一方面为未来关于钢纤维混凝土质量问题、收水问题、泵送问题都提供了一个研究方向，在后期的工作中，工程组会对现场的钢纤维铺装层进行跟踪调查，也会对本次的配合比以及相关的混凝土进行长期持续的研究和探索，以确保在未来相关的工程中，有更加成熟完善的配合比以及施工工艺。

4.2.4　先简支后固结整体式桥梁临时支座的选型与应用

4.2.4.1　临时支座概况

本工程原设计采用砂桶临时支座，台梁固结完成后须清除。考虑浦东机场多雨潮湿的环境、现场实际施工条件及施工成本等因素，借鉴本公司以往桥梁施工经验，经研究决定针对现场 WT1 桥和 WT2 桥实际施工情况，拟采用包含砂桶临时支座在内的 3 种支座进行选型对比，总结选择出最佳施工方案指导 12 座桥临时支座的选用施工，从而达到优化设计、方便施工和节约成本的目的。

4.2.4.2　支座选型与分析

1）砂筒临时支座

砂筒临时支座的工作原理就是根据钢管、钢板、砂都具有很高的抗压强度并且不易变形的特点加工成活塞式可调砂筒。

砂筒临时支座是利用钢管焊接成封闭容器，在容器底部或侧面设置一个开口，容器里的砂在打开开口时流出从而减少容器内细砂体积，使细砂上面垫块降低的原理设计的。砂筒分为上下两个部分，在一个上面开口的钢筒内盛上细砂，再扣上一个直径略小的钢筒，两个部分合在一起形成砂筒，梁放置于砂筒上，待完成台梁固结后在砂筒侧面开口处放出砂子，上部混凝土块下降，随之可拆除砂筒。

砂筒临时支座制作及安装操作较为简单，可以根据图纸中桥梁架设的标高确定砂筒的高度调节范围，满足桥梁架设要求的高度；砂筒采用圆柱形，分为上下两个部分，便于挪动以及安装，工人现场操作较为简便；砂筒承载力高，变形量小，牢固可靠;通过对砂的质量严格控制,临时支座解除极为方便;砂筒临时支座加工较为方便,不受场地限制,可采用废旧钢板重复利用,砂筒本身也可周转使用,降低施工成本;砂筒与钢板间的焊接质量要求高;其对砂的含泥量和含水量要严格把关,砂极易受潮导致承载力下降甚至失去承载力;上下两砂筒间隙控制精度高,否则极易产生砂筒重心偏移,造成偏心受压,安全系数大大降低;砂筒内细砂受潮会堵塞出砂口,导致支座难以拆除。

2) 硫黄砂浆支座

利用硫黄砂浆在常温下具有良好的强度、承载力、遇热后又能软化及熔化的特性,制作专用模具并布置预埋电阻丝,将热熔态的硫黄砂浆灌注在模具内,预制成型长方体的硫黄砂浆临时支座。需要拆除临时支座时,接通电流对硫黄砂浆支座同时进行电加热,使硫黄砂浆受热软化、熔化失效,同时拆除硫黄砂浆支座。

硫黄砂浆支座在常温下强度高,适用于中大型桥梁,且施工简单易于掌握,拆除简便速度快、劳动强度低,在浇筑过程中易出现脱层、涌泡;硬化后敲击表层有空响,不密实,影响支座的抗压承载力;在熬制过程和熔化拆除过程中,可能会产生大量的有毒有害气体 SO_2,对环境及人体健康影响很大;硫黄砂浆临时支座内电阻丝极易受潮或断裂,导致硫黄砂浆热熔困难,支座难以拆除。

3) 混凝土块支座

根据现场预制箱梁安装梁底标高及台帽顶标高确定混凝土块尺寸,利用已有的试块试模制作预制混凝土块,混凝土可以在浇筑现场就地取材。制作完成后与试验用试块一起在标准条件下养护。试块本身强度高,制作简单。标高不足部分利用薄钢板垫高补足。

可利用浇筑用商品混凝土,现场制作混凝土块支座,取材方便,制作简单;利用已有养护室,在标准条件下进行养护,试块强度高,取用方便;制作材料本身为工程商品混凝土余料,成本低。

混凝土块临时支座在台梁固结后需要人工凿除,拆除困难;对商品混凝土质量及养护条件要求高,否则支座的承载力难以保证。

4.2.4.3 选择与验算

1) 支座选定与分析

结合本工程 WT1 桥与 WT2 桥的施工现状,桥下排水槽内积水较多,环境潮湿;且施工时间正处于 7—8 月,考虑到梅雨季节及台风影响,桥梁上方无遮蔽物,大量降水直接通过台帽进入梁下排水槽,台帽上临时支座极易受潮被雨水浸湿。砂浆硫黄支座和砂筒支座难以直接应用,须加设保护防潮措施,加大施工成本且支座质量也得不到保证。

混凝土块临时支座不易受潮湿环境影响,且其利用现场浇筑商品混凝土余料制作而成,废料利用几乎没有制作成本,仅须考虑支座拆除时的人工成本。砂浆硫黄临时支座和砂筒临时支座须购买原材料并且加工支座成本大,拆除虽然操作简便也须花费一部分人工,且硫黄砂浆临时支座拆除时还存在产生有害气体等不安全因素。

综合施工便利、施工安全、成本节约等多方面因素考虑，混凝土块临时支座为最佳选用方案。

2）支座承载力验算

（1）按最重的 1.6 m 小箱梁来验算，梁体自重约为 160 t，按梁体自重 165 t 计算：

梁体自重 $N_1 = 165 \times 1\,000\ \text{kg} \times 9.8\ \text{N/kg} = 1\,617\ \text{kN}$

梁上设备、材料及工人等荷载取 4 kN/m，$N_2 = 4\ \text{kN/m} \times 25\ \text{m} = 100\ \text{kN}$

合计荷载 $N_3 = 1\,617 + 100 = 1\,717\ \text{kN}$

每根梁设 4 个混凝土块临时支座，单个支座承重 $N_j = \dfrac{1}{4} \times N_3 = 429.25\ \text{kN}$。

（2）根据现场设计施工要求，支座选用 150 mm×150 mm×100 mm 混凝土预制块，混凝土块置于台帽上，仅承受梁体荷载，不承受活荷载，故按轴心受压构件考虑，仅须进行构件正截面承载力验算［参考《混凝土结构设计规范》(GB 50010—2010)］。

素混凝土受压构件承载力按下式计算：

$$N = \psi f_{cc} A'_c$$

式中 ψ——素混凝土构件的稳定系数，查表取 1；

f_{cc}——素混凝土的轴心抗压强度设计值，按混凝土轴心抗压强度设计值乘系数 0.85 取用；

A'_c——混凝土受压面积。

混凝土块选用 C50 预制梁用商品混凝土制作，C50 混凝土轴心抗压强度设计值 $f_c = 23.1\ \text{N/mm}$，故

$$\begin{aligned} N &= 1 \times 23.1\ \text{N/mm} \times 0.85 \times 150\ \text{mm} \times 150\ \text{mm} \\ &= 441.78\ \text{kN} > N_j = 429.25\ \text{kN} \end{aligned}$$

满足荷载要求。

4.2.4.4 应用

经研究确定，采用混凝土块临时支座，制作材料取用预制梁商品混凝土余料，与混凝土试块一同在标准条件下养护 28 d。预制梁吊装前在试验室进行试压，平均强度为 54 MPa，高于计算强度，满足要求，且节约了人工和材料成本。

4.2.5 确保预制箱梁生产质量的多项自动化生产技术应用

4.2.5.1 预制梁及预制场概况

本工程上部结构采用先简支后固结预制梁，桥台与预制箱梁固结采用台帽及预制梁后浇混凝土实现。本工程箱梁预制梁顶宽均为 4.1 m，湿接缝宽度 0.9～1.1 m，采用 C50 防水混凝土，抗渗等级 P6。预制梁分类见表 4－10。

表 4－10　预制梁分类

类　别	规　格	数量(片)
第一类	1.3 m 高预制小箱梁	84
第二类	1.6 m 高预制小箱梁	106
第三类	1.3 m T 型梁	5
合　计		195

整个预制场占地面积为 28 320 m^2。根据施工计划安排和运输架设的要求，场地内规划有生产区、存梁区、功能拓展区和钢筋加工区。在 24 m 生产区域内设置 2 条预制梁的流水生产线，共设置 12 个箱梁台座和 1 个 T 梁台座。在存梁区域划分为 1 区和 2 区，在预制厂内设置一个占地面积为4 200 m^2 的钢筋加工中心，在靠着钢筋加工中心东部区域设置为金属波纹管加工区和标养室及成型室。根据项目部便道规划以及考虑场地因素，为预制场预留了 42 m×138 m 的功能拓展区。预制场平面图如图4－30 所示。

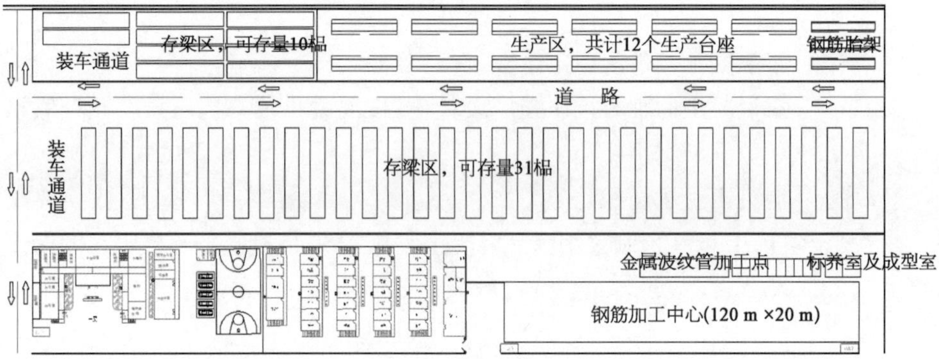

图 4－30　预制场平面图

4.2.5.2　钢筋自动化生产技术的应用

1）钢筋半成品加工技术

钢筋进场经检验合格后运至钢筋加工中心，按照“钢筋调直→下料→弯曲成型→挂牌堆放”的顺序完成对钢筋的加工作业，并可按要求将加工好的半成品分类堆放整齐。本中心钢筋半成品加工采用施耐尔数控棒材弯曲机、数控钢筋弯箍机。其中数控钢筋弯箍机是双方向弯曲的自动弯箍生产设备，从盘条钢筋到箍筋一次成形，可加工热轧和冷轧高强度盘条钢筋（图 4－31）。

盘条钢筋首先经过水平和垂直调直轮进行调直加工后，运送至钢筋弯箍机的弯曲机构，通过程序控制如意弯头灵活转动，快速实现箍筋各种形状弯曲成型加工，最后再由钢筋切断机构完成箍筋成品切断。整个加工过程全部自动化控制，无须人工干预。数控加工功能分解图如图 4－32 所示。

图 4-31　数控钢筋弯箍机

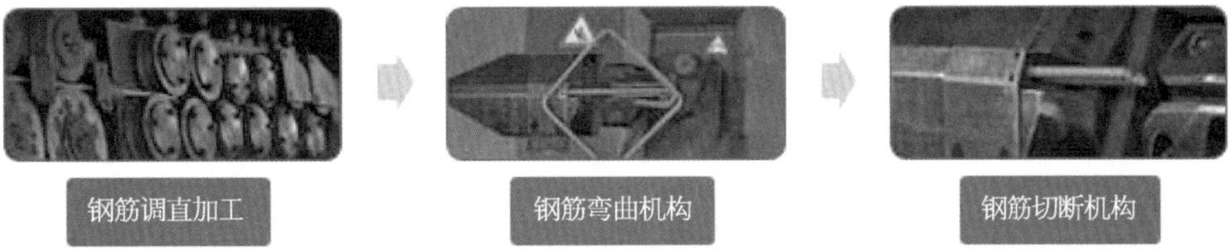

图 4-32　数控加工功能分解图

2）数控钢筋加工设备优缺点对比分析

（1）设备投入。数控钢筋弯箍机投入约 150 万元。普通钢筋切割机、钢筋弯曲机投入约 20 万元。从设备投入方面，数控钢筋加工设备投入较大。

（2）材料损耗。数控钢筋加工设备由电脑设定钢筋下料尺寸，角度弯制形状准确，原材料损耗小。传统钢筋加工技术中，受使用设备及人工技术的影响，会造成加工出的成品钢筋尺寸无法精确地达到规定要求，而钢筋在反复弯曲的过程中会出现筋壁变薄、开裂、损坏的情况，增加了钢筋的损耗。

（3）人员投入。数控钢筋加工设备包括钢筋的下料、调直和弯制。一个作业班组需 4 个工人操作，而普通的钢筋下料、调直和弯制，一个班组一般需要至少 10 人进行操作。按每天节约 6 个劳动力计算，一年至少节约 $150 \times 6 \times 365 = 32.85$ 万元。

（4）施工工效。使用数控钢筋加工设备，电脑输入加工工艺参数、几何尺寸和数量，设备能按照设置参数要求实现钢筋自动上料、自动剪切下料、下料自动输送和自动弯曲成型等加工作业流程，解决了传统加工方式中每个环节均需专人操作、人力搬运的问题，大大简化了机械操作人员的工作，从而使得人均日加工能力显著提升。

(5) 文明施工。普通钢筋加工设备距离原材料的存放地较远，较分散，占地面积大，场地的利用率低。数控钢筋加工设备原材料的存放，加工区域较为集中，占地面积小，施工时环境污染较小，有效解决了加工场地紧张、杂乱无章的问题，有利于文明场地的建设。

4.2.5.3　钢筋加工胎架技术

1) 胎架加工概况

钢筋加工完成后，运至钢筋绑扎区域，利用钢筋胎架进行绑扎，在钢筋胎架上对钢筋的位置放样并固定标志，作业人员只需要按照标志进行钢筋的摆放、绑扎就能进行准确的定位安装，有利于保证施工质量、提高钢筋绑扎速度。

根据预制梁生产的计划及工效，预制场内共设置 2 套底、腹板钢筋绑扎胎具和 2 套顶板钢筋绑扎胎具，满足箱梁预制进度要求。钢筋胎架采用 50 角钢与钢管制作，底板钢筋根据设计图纸中的分布位置，在角钢上相应位置处准确刻槽(宽度比设计钢筋直径大 5 mm，深度为钢筋直径的 1/2 倍)；腹板钢筋采用在钢管上焊接钢筋接头的形式布置纵向水平筋，腹板钢筋由胎架支腿上的 7 根 $\phi 22$ 圆钢来对钢筋进行限位，通过 $\phi 22$ 的横向架立圆钢调整纵向腹板钢筋，胎架两侧每隔 1.5 m 设置一道，来精确定位主筋的相对位置，确保主骨架现场绑扎安装间距误差可控，且大大减少了钢筋在台座上绑扎占用的时间。钢筋胎架示意图如图 4－33 所示。

(a)　　(b)

图 4－33　钢筋胎架示意图

预应力管道定位采用“定位网”安装法，严格按照设计给定的坐标将波纹管用“♯”形定位筋进行固定，曲线段每 50 cm 一道，直线段每 80 cm 一道。对波纹管接头处，用长为 25 cm 左右、直径大一级的波纹管作为套管，并用塑料胶布将接口缠裹严密，防止接口松动拉脱或漏浆。

2) 胎架钢筋绑扎技术的优缺点对比

(1) 工作效率与质量控制。传统绑扎因制梁台座分散等因素影响，存在半成品钢筋搬运费时费力、施工效率低下的现象；施工班组技术水平不一致导致钢筋骨架线型较差，钢筋间距不均匀，进而导致箱梁保护层合格率偏低，离散性较大，控制性指标不满足设计要求。另外，传统绑扎施工必须占用台座，导致台座周转期变长，增加箱梁生产周期。

胎架钢筋绑扎技术就地取用半成品钢筋，胎架辅助钢筋骨架成型，自动限定钢筋间距，实现钢筋绑扎"无尺化"，可以使箱梁底腹板钢筋、顶板钢筋和模板拼装三道工序按同时平行施工的流水作业方式进行，确保了钢筋骨架绑扎的质量和速度，加快了施工进度。

(2) 施工管理。传统绑扎占用场地较大，与各工序交叉作业，存在较多的安全隐患，不利于现场的施工管理。胎架钢筋绑扎成品验收简化，骨架集中绑扎，形成流水作业便于工厂化管理。

4.2.5.4 自动喷淋养护技术

自动喷淋养护工艺技术是预制箱梁实现大规模标准化生产、加快桥梁建设周期的关键技术之一。自动喷淋装置示意图如图 4－34 所示。

图 4－34 自动喷淋装置示意图

1) 喷淋养护工艺原理

预制梁全自动喷淋养护施工工艺是集自动行走、自动上水、自动喷淋于一体的全过程自动养护工艺。

全自动喷淋养护系统由以下五大部分组成：

(1) 控制系统。集中在一个电控箱内，设置控制开关，将供水电磁阀、小车走行限位感应器等相关联，总体控制养护系统的运行。

(2) 供水系统。包括供水管道、养护水箱，电磁阀打开开始供水，水位达到设定最大高度时电磁阀自动关闭停止供水。

(3) 走行系统。包括养护小车及走行轨道，小车走行由电力驱动。

(4) 限位系统。包括小车走行限位感应器、限位挡板，在走行小车的两端均设置限位感应器，在触碰到设置在轨道端头的限位挡板后即可掉头行走，活动式限位挡板可调整位置，控制小车走行区域，只在需要养护的存梁台座范围内行走。

(5) 喷淋系统。包括加压水泵、喷淋管道、喷头等，同时在存梁台座底部设置喷淋管道及喷头、配合养护箱梁底板，腹板喷淋管道配合腹板线型设计，保证腹板得到全方位喷淋养护。

2) 自动喷淋养护系统的优缺点对比

传统的人工洒水养护因受操作者的质量意识和工作态度的影响，时常出现部分区域漏养、养护时间不足、养护部位不均匀等问题。且小箱梁腹板向内倾斜，传统覆盖养护无法使用，使得喷上去的水挥发极快，导致小箱梁的腹板、翼缘易产生裂缝。传统的人工洒水养护一片梁需要 2～4 个人，花费时间偏多，养护效率偏低。

自动喷淋养护系统集自动行走、自动上水、自动喷淋于一体，全过程全自动，采用可调节的喷头，在喷淋过程中使水能够均匀全方位地覆盖到梁体表面，达到喷洒无死角的效果，解决了小箱梁腹板、翼缘难养护的问题。同时一套喷淋养护系统可作用一条生产线，只需要两人来操控系统即可，大大提高了养护的效率和质量。

4.2.5.5　智能化张拉系统技术

预制梁张拉采用全自动智能张拉系统进行，系统主要是为满足预制箱梁张拉而设计的，由一机两顶张拉仪主从机、监控计算机、千斤顶、高压油管等组成。自动张拉设备示意图如图 4－35 所示。

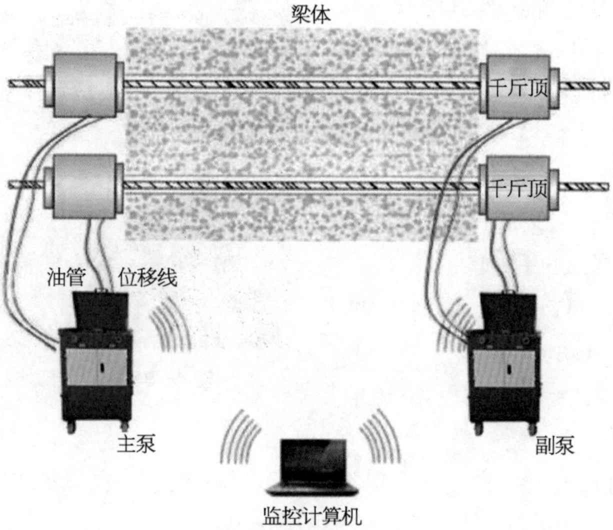

图 4－35　自动张拉设备示意图

1）智能张拉设备工作原理

智能张拉设备主要由程控主机、油泵电机与千斤顶三部分组成。其中程控主机提前预设张拉程序，在输入相应参数后，程控主机按预设张拉程序指令前端控制器驱动油泵千斤顶执行预应力张拉作业。前端控制器由油压传感器和位移传感器构成，实时监测千斤顶作用力和钢绞线伸缩量等数据，并实时传回程控主机。程控主机会根据前端控制器传回的数据实时调控油泵电机的转速，从而实现张拉力及加载速度的精确控制。同时，程控主机可根据预设的程序发出指令，同步控制每台设备的每一个行程，自动完成整个张拉过程。

2）智能张拉技术优缺点对比

传统预应力张拉设备张拉时，由于传统设备的局限性，往往单纯靠技术员凭经验手工操作，误差率较高，无法完全保证预应力施工质量。存在如下技术缺点：① 伸长量测量与校核难以及时、精确完成，张拉过程预应力损失较大；② 对称张拉时人工控制难以保证同步精度；③ 加载速度与持荷时间随意性大；④ 卸载锚固时，瞬间卸荷对夹片造成冲击，且回缩量大，无法准确测定锚固后的回缩量。这种工艺的弊端可能造成预应力偏大或偏小，预应力偏大时会造成结构变形或产生裂缝，预应力偏小时会导致结构过早出现裂缝，甚至造成梁体下挠。

智能张拉设备施加的预应力大小得到了精确控制（智能式张拉力与实测力值相对误差均值在1%以内），降低了由于预应力施加不足或超过引起的桥梁开裂、下挠等损害，有利于保证结构安全，提高耐久性，延长使用寿命。智能张拉设备实现了对称同步张拉，消除了对称张拉不同步对结构造成的扭曲危害，同时张拉过程大幅度减少了应力的损失。张拉结束后能够自动生成报表，杜绝了数据造假，可进行真实的施工过程还原。

4.2.5.6 智能化压浆系统技术

1）主要设备组成

“压浆专家”——桥梁预应力智能压浆系统主要由预应力智能压浆台车（含制浆-储浆系统、螺杆泵、加水系统、高压清洗装置、进浆测量系统、触摸屏）、高压胶管等组成。大循环智能压浆设备示意图如图4-36所示。具体组成如下：

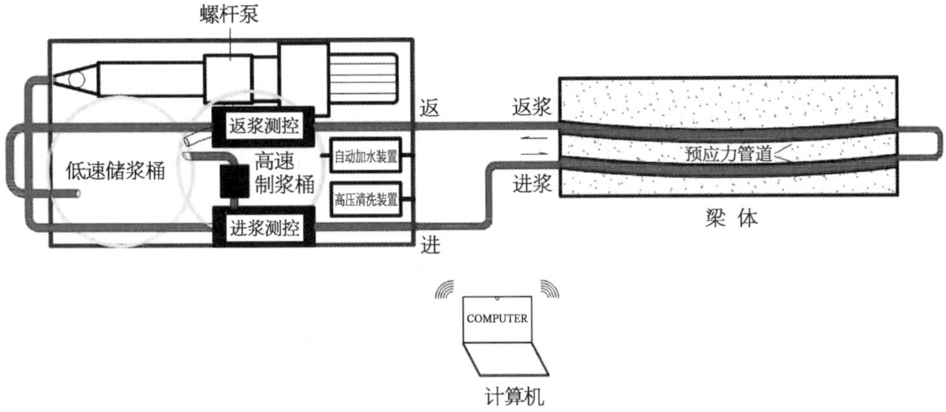

图4-36 大循环智能压浆设备示意图

（1）高速制浆桶。此设备将水泥、压浆剂和水进行高速搅拌，制作可用于压浆用的水泥浆液，其转速为1 420 r/min，叶片线速度14.86 m/s。

（2）低速储浆桶。当浆液在高速桶内制好以后由高速桶底部离心泵输送至此，并对桶内储存浆液进行低速搅拌，以保持流动度，避免发热凝固，其转速为70 r/min。

（3）螺杆泵。此为动力输出装置，将低速储浆桶内浆液加压并输送至预应力管道内。

（4）加水系统。用于控制每次制浆的用水量，从而准确控制水胶比。

（5）进浆压力检测。能准确测量管路中浆液的压力，提供超压报警。

（6）高压胶管。此设备为浆体的流动提供管路。需要现场连接的管路有进浆管、返浆管、两孔对接管。

2）智能压浆设备优点分析

（1）准确控制水胶比。系统的自动加水装置设置高精度电磁流量计、电磁阀、吸水泵，可根据程序设定自动准确完成加水，其精度高于1.0%，用水量控制精准。

（2）精确检测压浆压力。通过进浆压力传感器能精确检测进浆压力，防止管道压力过高；返浆压力表能检测出返浆压力，用于调节管道中的压力。

（3）浆液循环排气。对于曲线管道，一次过浆往往很难将管道内的空气完全带出，而采用大循环回路方式，将出浆口浆液导流至储浆桶，从而使得浆液在管道内持续循环，通过调整泵流量将管道内空气完全排出，并通过浆液循环带出孔道内残留杂质。

4.2.5.7　应用评价

（1）使用数控棒材钢筋弯曲中心、数控钢筋弯箍机，大大加强了钢筋加工的专业化、自动化程度，节省了备料时间。

（2）预制梁底、腹板钢筋全部在胎架上完成，绑扎牢固，定位准确，有效保证了钢筋的数量和间距，大大提升了工作效率。

（3）自动喷淋养护车保持了混凝土表面湿润的持续性和均匀性，同时有效解决了箱梁腹板、翼板底部等养护难的问题。

（4）智能张拉系统通过计算机控制张拉设备，提高了张拉的精度及张拉效率。智能大循环压浆系统通过计算机控制水胶比和压浆压力，保证了压浆的质量和效率。

4.3　机场特殊环境下的桥梁施工技术与措施

4.3.1　钻孔灌注桩受邻近搅拌桩施工影响监测技术的应用

4.3.1.1　项目背景

浦东机场三期扩建项目新建桥梁下部结构均采用轻型桥台＋钻孔灌注桩，桩直径为1.2 m，桩长41～44 m，间距3.2～3.6 m。桩基与南进场地道敞开段的U槽结构净距为1.55 m。桩基进入持力层⑦2－2粉砂层不小于3 m，桩底压浆以减少沉降。钻孔灌注桩混凝土强度等级为水下C35混凝土。桩基外侧地基加固采用水泥搅拌桩施工，距离钻孔灌注桩最近约0.5 m。

原定工序为先搅拌桩施工再进行钻孔桩施工。然而为确保现场工期进度要求，需要先施工部分钻孔灌注桩，然后在该部分钻孔灌注桩一侧再进行水泥搅拌桩的施工，因此本次在ET1桥梁西侧桥台位置先施工一根钻孔灌注桩，对这根钻孔灌注桩在水泥搅拌桩施工前、中、后的顶部位移及其深层水平位移情况进行监测。通过监测，来获得水泥搅拌桩施工对已施工完成钻孔灌注桩的影响数据，为下一步施工安排提供可靠数据并指导有关施工，也可以为未来类似情况下的施工工况提供数据参考。

4.3.1.2 监测设计

1）监测项目

本次监测项目主要包括灌注桩顶部水平位移、灌注桩顶部竖向位移和灌注桩深层水平位移。

2）仪器设备

监测仪器见表 4－11。

表 4－11 监测仪器一览表

序号	仪器名称	型　号	生产厂家	数　量
1	全站仪	Sokkia CX－102	日本 Sokkia	1 台
2	水准仪	Sokkia SDL1X	日本 Sokkia	1 台
3	测斜仪	TL－06C	通联四方	1 台

3）基准点、监测点的布设与保护

根据规范要求，结合本工程特点，拟分别设置至少 3 个竖向位移监测基准点和 3 个水平位移监测基准点。在整个监测期间，采用切实有效的保护措施，确保基准点的正常使用。每次测量时对基准点进行联测，检验基准点的稳定性，确保基准点的稳定、可靠。根据现场条件，尽量设置有强制对中的观测墩；如不满足设置强制对中观测墩的条件，则采用精密的光学对中装置，对中误差严格限制在 0.5 mm以内。

4）桩顶部竖向、水平位移监测

桩顶部位移监测点拟采用如图 4－37 所示金属监测标志埋设。若现场条件不具备，则采用顶部带十字丝钢筋埋设。本工程拟布设 2 个桩顶部位移监测点，编号分别为 P01、P02。

图 4－37 位移监测标志

5）深层水平位移监测

钻孔灌注桩深层水平位移监测孔拟采用绑扎法埋设，深度拟定为35 m（搅拌桩桩长 20 m）。埋设时，测斜管的导槽垂直于搅拌桩施工边线。本工程拟分别在灌注桩邻近搅拌桩一侧及其对侧布设 2 个测斜孔。若灌注桩内测斜管均失效，则在钻孔灌注桩背对搅拌桩一侧布设一个土体深层水平位移监测孔作为备用方案。土体测斜孔采用钻孔法＋装填膨润土球进行埋设。测斜管及绑扎示意图如图 4－38 所示。

测斜孔剖面示意图如图 4－39 所示。

本工程测斜孔编号分别为 CX01、CX02，监测点平面布置图如图 4－40 所示。监测现场实拍图如图 4－41 所示。

图 4-38　测斜管及绑扎示意图

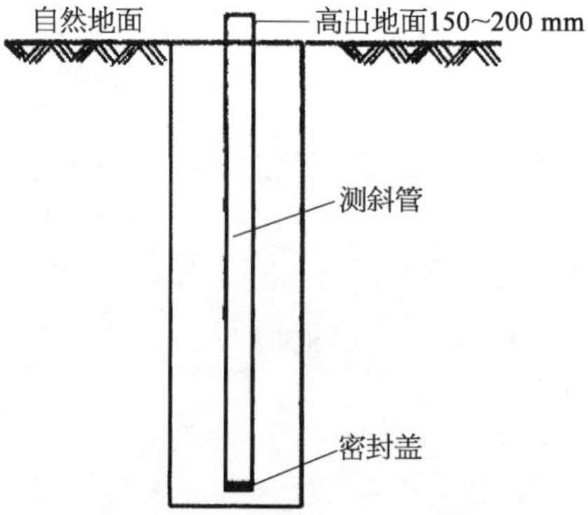

图 4-39　测斜孔剖面示意图

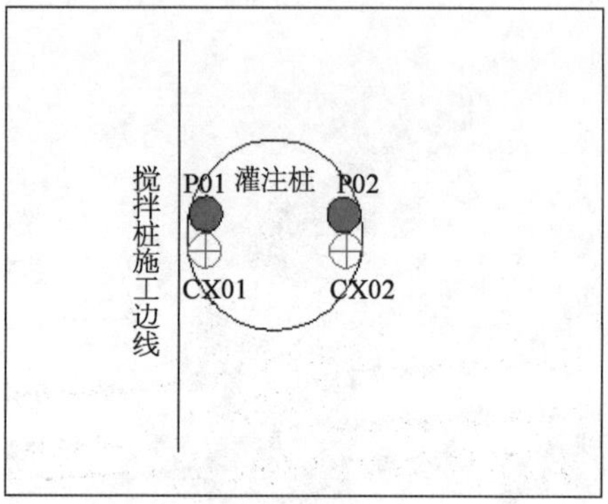

图 4-40　监测点平面布置示意图

图 4-41　监测现场实拍图

4.3.1.3　监测方法与技术要求

1）竖向位移监测

竖向位移测量精度要求应符合表 4-12 的规定。

表 4-12　竖向位移测量精度要求　(mm)

监　测　等　级	一等	二等	三等
监测点测站高差中误差	±0.15	±0.5	±1.5

注：监测点测站高差中误差系指相应精度与视距的几何水准测量单程一测站的高差中误差。

竖向位移监测网采用水准测量方法一次布设成闭合环形的水准网形式，其主要技术指标应符合表 4－13 的规定。考虑将竖向位移监测控制网与施工控制网联测。

表 4－13　竖向位移监测网水准测量技术指标　（mm）

监测等级	测站高差中误差	往返较差、符合差、闭合差	检测已测测段高差之差
一等	±0.15	$0.3\sqrt{n}$	$0.45\sqrt{n}$
二等	±0.5	$1.0\sqrt{n}$	$1.5\sqrt{n}$
三等	±1.5	$3.0\sqrt{n}$	$4.5\sqrt{n}$

注：表中 n 为测站数。

竖向位移监测网观测主要技术要求应符合表 4－14 的规定。

表 4－14　竖向位移监测网观测主要技术要求

监测等级	水准仪型号	视线长度（m）	前后视较差（m）	前后视累计较差（m）	视线离地面高度（m）	基辅分划读数差（mm）	基辅分划高差之差（mm）
一等	DS_{05}	30	0.7	1.0	0.3	0.3	0.5
二等	DS_1	50	2.0	3.0	0.2	0.5	0.7
三等	DS_3	75	5.0	8.0	三丝能读数	2.0	3.0

注：当采用电子水准仪观测时，同一尺面的两次读数差不设限差；两次读数所测高差的差，执行基辅分划所测高差之差的限差。

竖向位移监测拟采用几何水准方法，监测精度与相应等级的竖向位移监测网观测相一致；各监测点与水准基准点或场地水准点（工作基点）组成闭合环或附合水准线路；取最初连续两次观测的平均值作为初始值；采用水准仪 i 角不应大于 15″。实际操作中尽量发挥电子仪器的优势将 i 角控制在 5″以内；监测期宜每次对 i 角进行检查校正。

2）水平位移监测

本工程水平位移测量精度应符合表 4－15 的要求。

表 4－15　水平位移测量精度要求　（mm）

监 测 等 级	一等	二等	三等
监测点坐标中误差	±1.0	±3.0	±5.0

注：监测点坐标中误差系指监测点相对测站点（如工作基点等）的坐标中误差，为点位中误差的 $\frac{\sqrt{2}}{2}$。

水平位移监测网采用独立坐标系统，进行一次布网。水平位移监测网根据现场通视条件尽量布设成边角网形式，提高观测精度和图形强度。水平位移监测网定期进行检测。每次变形监测前，对控制点进行稳定性检查，并以稳定的点作为基准点。

本工程水平位移监测网技术指标应符合表 4－16 的要求。

表 4－16　水平位移监测网观测主要技术要求

监测等级	测角中误差(mm)	测距中误差(mm)
一等	±1.0	±1.0
二等	±1.5	±3.0
三等	±2.5	±5.0

现场观测数据采用自动记录方式。水平位移控制网数据处理采用清华山维平差软件 NASW 2008 对观测数据进行严密平差。水平位移监测计算结果保留到 0.1mm。

本工程规定，水平位移为“＋”表示向搅拌桩施工一侧位移，为“－”表示向搅拌桩施工外侧位移。

3）深层水平位移监测

深层侧向变形(测斜)采用测斜仪测量(图 4－42)。测斜仪的分辨率应大于 0.01 mm/m，精度为 ±0.1 mm。

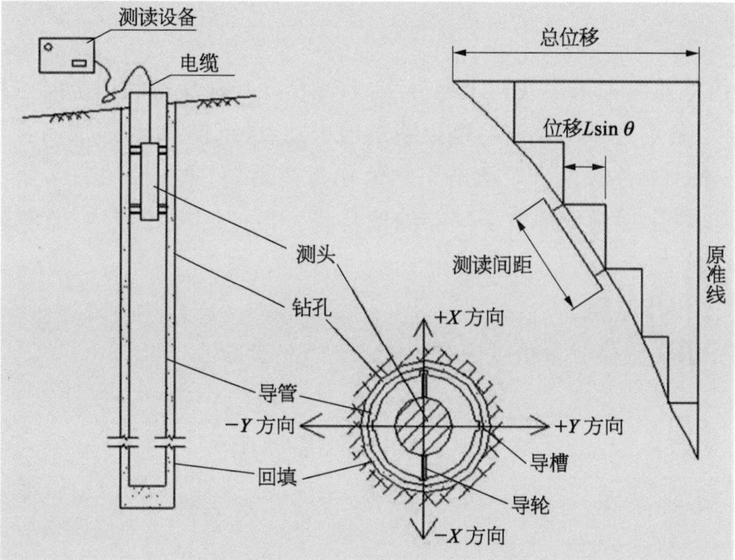

图 4－42　测斜仪工作原理示意图

测斜管应在桩基施工前 1 周埋设，测定侧向变形初始值，取至少 3 次观测的平均值作为初始值。

深层侧向变形测试时，应符合下列要求：监测前宜用清水将测斜管内冲刷干净。监测时应将测斜仪探头放入测斜管底，静置一段时间待探头接近管内温度后，自下而上以 0.5 m 间隔逐段测量。每监测点均应进行正、反两次测量。

深层侧向变形计算时应确定固定起算点，起算点可设在测斜管的顶部或底部。各测量段水平位移值按下式计算：

$$\Delta X_n = X_0 + l\sum_{i=0}^{n}(\sin\alpha_i - \sin\alpha_{i0})$$

式中 ΔX_n——从管口下第 n 个测量段处水平位移值(mm)；

l——测量段长度(mm)；

α_i——从管口下第 i 个测量段处本次测试倾角值；

α_{i0}——从管口下第 i 个测量段处初始值测试倾角值；

X_0——实测管口水平位移(mm)，当采用底部作为起算点时，$X_0=0$。

现场观测数据采用自动记录方式，数据处理采用测斜仪自带的数据处理软件，土体深层水平位移监测计算结果保留到 0.01 mm。

本工程中拟规定，土体深层水平位移为“+”表示向搅拌桩施工一侧位移，为“-”表示向搅拌桩施工外侧位移。

4.3.1.4 监测结果与数据分析

1）监测周期和监测频率

浦东机场三期扩建工程飞行区桥梁灌注桩试桩监测工作自 2017 年 3 月 28 日开始，至 2017 年 4 月 17 日结束，累计报送监测报表 4 期。具体施工工况如下：

2017 年 3 月 28 日，搅拌桩施工前，测定初值；

2017 年 4 月 15 日，第一排搅拌桩施工；

2017 年 4 月 16 日，第二排搅拌桩施工；

2017 年 4 月 17 日，第三排搅拌桩施工。

监测频率具体安排见表 4-17。

表 4-17 监测频率

序 号	监 测 时 间	备 注
1	搅拌桩施工前(测定初始值)	测 2 次取均值
2	搅拌桩施工期间	1 次/d，暂估 12 次
3	搅拌桩施工完成后 1 d	
4	搅拌桩施工完成后 3 d	
5	搅拌桩施工完成后 7 d	

2）各项监测数据汇总、时程曲线及分析

截至 2017 年 4 月 17 日，各监测点累计变化汇总见表 4－18。

表 4－18　各监测点累计变化汇总

序号	监　测　项　目	累计最大值		备　注
1	灌注桩顶部水平位移	P01	－3.1 mm	
		P02	－2.8 mm	
2	灌注桩顶部竖向位移	P01	－0.9 mm	
		P02	－1.1 mm	
3	灌注桩深层水平位移	CX01	－3.08 mm	深度 0.0 m 处

注：竖向位移为“＋”表示隆起，为“－”表示沉降。水平位移为“＋”表示向搅拌桩施工一侧位移，为“－”表示向搅拌桩施工外侧位移。

灌注桩深层水平位移时程曲线图如图 4－43 所示。

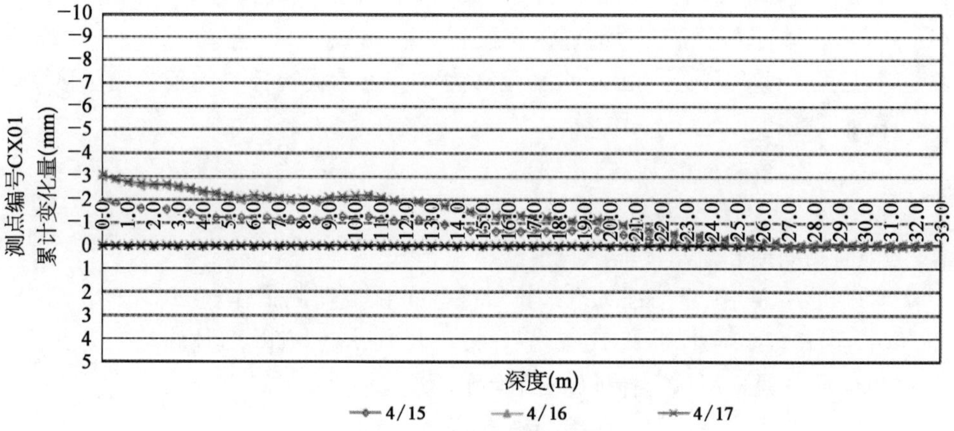

图 4－43　深层水平位移时程曲线图

由表 4－18 及图 4－43 可知，灌注桩顶部水平位移及竖向位移在搅拌桩施工期间累计变化均较小，水平位移最大为－3.1 mm，竖向位移最大为－1.1 mm；深层水平位移自 25 m 深度以上开始有位移变化，累计变化最大值为－3.08 mm（0.0 m深度处），且主要发生在第一排搅拌桩施工期间，第二排及第三排搅拌桩施工期间变化较小，趋于稳定。

4.3.1.5　*应用效果*

经分析监测数据，灌注桩受第一排搅拌桩施工影响相对较大，受后两排搅拌桩施工影响较小，但累计变化量均较小且均在允许变形范围值内，水平位移随桩基深度增加而逐渐减小。

本次监测的实施，旨在及时发现施工过程中的异常并预警，减少了施工的盲目性，预测了基坑及结构的稳定性和安全性，为下一步提出工序施工的调整意见及应采取的安全措施提供了技术支撑，保证了整个工程安全、可靠推进。本次监测项目的成果实施也说明，在浦东机场区域深厚淤泥质砂性土地质条件下，桩基施工时重点在于预防偏位。通过类似的前期试桩及检测，可以在偏位后及时总结经验，寻找发生问题的原因，从而制定切实可靠的预防措施。

4.3.2 与现状地道交叉区域施工的 U 形挂篮开发和应用

4.3.2.1 项目背景

地道侧墙改造施工期间存在难题在于：一方面混凝土切割及混凝土凿毛处理施工时，产生的浆液或飞溅的碎石可能坠落至地道内行车道上，从而影响地道内交通安全；另一方面工人在地道侧墙上施工作业，靠近地道一侧临空高度达到 6 m 以上，属于高空作业，危险性较大。

架梁及湿接缝施工期间存在难题在于：一方面预制梁吊装过程中，会对地道内来往车辆产生影响，梁上部分混凝土残渣亦可能脱落至地道中；另一方面湿接缝施工时，钢筋焊接所产生的焊渣会落至地道中，安拆吊模时梁下也需要一定的操作空间且须保证施工安全。

为解决上述施工难题，根据南进场地道实际情况，在光栅梁之间紧贴侧墙边设置钢结构三面封闭式钢结构护栏，以解决地道侧墙（U 槽）切割改造施工难题；在光栅梁之间满铺两面封闭式钢结构挂篮，以解决架梁及湿接缝施工难题。

4.3.2.2 U 形挂篮的设计特点

1）切割用三面封闭式挂篮

三面封闭式钢结构挂篮标准段主体长度为 5 m，挂脚上设置吊耳，方便挂篮安拆时吊装作业（图 4－44）。施工挂篮两端设置固定挂脚，将挂篮固定在光栅梁顶面；挂篮外侧设置防护隔板，可防止混凝土凿毛时产生的细小混凝土块坠落至地道内；挂篮内侧设置止水橡胶条，可防止混凝土切割时产生的浆液流入地道内，确保地道内车辆通行安全。

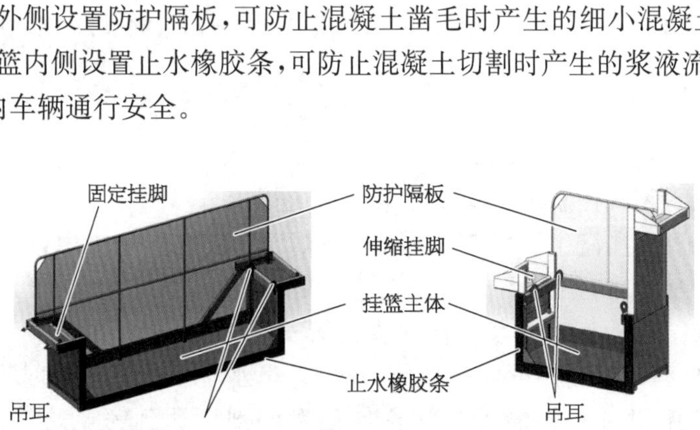

图 4－44　三面封闭式挂篮结构示意图

考虑到每个地道暗埋段与光栅梁之间距离及高差不同，靠近地道暗埋段端头的钢结构挂篮长度缩短为 1.5 m，同时将两侧固定挂脚改为可伸缩挂脚，这样既保证挂篮在不同跨度及不同高差情况下均可灵活使用，又方便工人进行安拆作业，安装前将挂脚调整到实际高差位置后直接安装，无须再在挂脚处衬垫钢板或木方，这样同时提高了挂篮的使用安全性。

2）架梁用两面封闭式挂篮

两面封闭式钢结构挂篮标准段主体长度为5 m，两侧设置可折叠式挂脚与可折叠式支腿，方便从梁底进行安拆（图4－45）。挂脚边安装滚轮，在封交一侧安装好挂篮后，可将其滚动至未封交一侧。中间设钢板平台，平台下设置钢筋骨架，使其有一定的承载力。满铺此挂篮后，既可在预制梁吊装时遮挡地道上侧施工情况，不影响车辆行驶，也能在湿接缝施工时提供操作平台，方便钢筋焊接和模板安装。

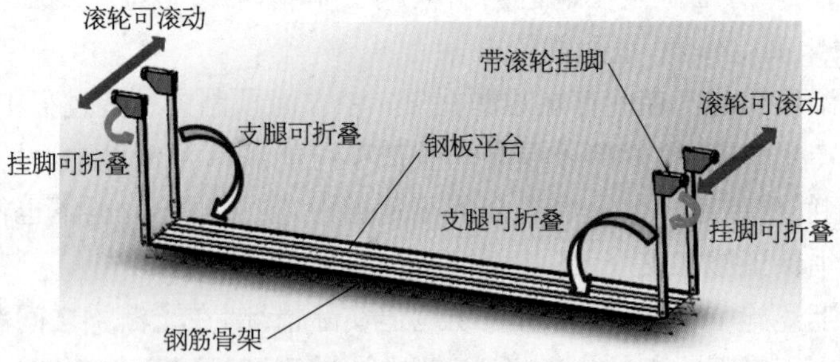

图4－45　两面封闭式挂篮结构示意图

施工至南港湾后，地道上方光栅梁间距为4.5～6 m，为适应光栅梁间距的变化、实现挂篮的可重复利用性，决定对挂篮进行改造。标准段钢板平台及其下部钢筋骨架设置为4 m，两侧各设置1 m的可伸缩钢板平台及钢筋骨架，通过挂篮底伸缩钢板平台实现挂篮在多种光栅梁间距中的重复利用。考虑到施工节点需求，原定5 000多的挂篮需求量现在只需3 000个不到，大大节约了材料和成本。

4.3.2.3　U形挂篮的安装

1）三面封闭式挂篮的安装

三面封闭式挂篮主要针对地道侧墙（U槽）切割改造使用，挂篮安装前，出于施工安全考虑，须封闭施工段侧墙边一车道，并对挂篮长度及光栅梁间距进行复核。近地道暗埋段非标准段挂篮安装时，由于两侧光栅梁标高不一致，须调节标高较高一侧可伸缩挂脚，使挂篮呈水平。挂篮安装时不封闭一面紧贴地道侧墙，并在相接缝隙处注聚氨酯发泡剂以达到完全防渗的目的（图4－46）。

2）两面封闭式挂篮的安装

由于架梁后梁下空间限制，两面封闭式挂篮设计成可折叠式，采用自下至上安装方法。安装前须封闭一车道，光栅梁上和地道中各须配备3～4名工人。光栅梁下工人将挂篮用粗绳绑好，协助光栅梁上工人将挂篮拉至梁顶，此时展开可

(a) (b) (c)

图 4-46 三面封闭式挂篮安装示意图

折叠式支腿，根据光栅梁间距调整两侧支腿间距离，展开滚轮挂脚挂于两侧光栅梁上，并沿光栅梁将挂篮滚动至未封交一侧、扣上滚轮制动装置(图 4-47)。如此反复安装，直至光栅梁上满铺挂篮，并在封交一侧预留空隙可供一个人通过，这样一方面在湿接缝施工时方便工人进出梁底施工，另一方面在施工结束后，工人可通过此空隙爬至光栅梁拆除挂篮，拆除顺序与安装顺序相反。

(a) (b)

图 4-47 两面封闭式挂篮安装示意图

4.3.2.4 U 形挂篮的应用

1) 三面封闭式挂篮的应用(图 4-48)

三面封闭式挂篮在地道侧墙(U 槽)切割改造中的应用主要有以下几个方面：

(1) 切割前，为切割放样定位和切割孔的开钻提供安全作业平台，并收集钻孔过程中产生的泥浆和残渣、避免渗入地道之中。

(2) 切割时，一方面外侧防护遮板有效防止了切割过程中的泥浆飞溅，并收集切割过程中产生的泥浆，定时用泵抽出；另一方面也作为切割监控操作平台，可以快速处理切割时钻绳偏位等情况，确保了切割精确度。

(3) 切割后，混凝土块吊运及切割面凿毛过程中产生的碎石、残渣均掉落在

(a) (b) (c) (d)

图 4-48　三面封闭式挂篮施工应用图

挂篮中，避免了交通事故的发生；并为后续的切割面植筋、立模和浇混凝土提供操作平台，提高了施工效率，大大保障了施工工人的安全。

(4) 所有工序结束后，将挂篮吊至空场地中清洗调整，并安装到下一段侧墙施工段中，实现了重复利用，节约成本。

2) 两面封闭式挂篮的应用(图 4-49)

两面封闭式挂篮在架梁及湿接缝施工中的应用主要有以下几个方面：

(1) 在光格栅梁上满铺两面封闭式挂篮，实现上方施工区域和地道内交通完

(a) (b)

图 4-49　两面封闭式挂篮施工应用图

全隔离，最大程度降低了施工过程中大小型机械运转及施工噪声对地道内的影响，避免了行车司机因好奇或噪声等原因分神关注上方施工(如预制梁吊装、湿接缝钢筋焊接等)而引发交通事故。

(2) 湿接缝钢筋焊接时，在挂篮上再铺设一层防火布，作为上方钢筋焊接产生的火花、焊渣等施工垃圾的收集平台，并设专人定期清理，避免其落入地道中对车辆造成损坏，杜绝因此而发生交通事故的可能性。

(3) 梁间采用现浇湿接缝结构，类似悬挑混凝土结构，模板为吊模。挂篮作为模板安装的工作平台，不仅在安全方面将光栅梁上的高空作业转化为“地面”作业，也能作为材料临时堆放点，大大提高了施工效率。在混凝土浇筑时，即便混凝土漏出模板，也全部滴落在挂篮防火布上，不会对地道内交通产生影响。

(4) 桥台后浇部分施工，靠侧墙一侧立模及桥台浇混凝土时，满铺两面封闭式挂篮也起到了和湿接缝施工时相同的作用。

综上所述，整体式无伸缩缝桥梁具有节省桥梁养护费用、改善行车状况、减少车辆的冲击和提高桥梁使用寿命的优点，从而使得无缝式桥梁逐渐成为未来桥梁的发展趋势。

本工程在实施过程中以实现交通影响最小化前提下施工为目标，研发集安全防护、施工平台于一体的新型托架式装置；以提高先简支后固结桥梁整体施工质量为目标，对传统工艺或工序进行改进，提高桥梁主体结构和道面结构质量，进而确保机场区域大设计荷载桥梁的承载力和整体性能；以预制构件工厂化生产和现场安装为背景工况，通过工艺改进、设备创新实现构件加工精度、安装精度和施工效率等方面的改进。

整体式无伸缩缝桥梁施工技术研究，将会对无伸缩缝桥梁施工质量提高和技术应用起到积极推动作用，其在机场区域的应用也将会发挥更大的经济效益和社会效益。

第5章 飞行区综合管廊工程施工技术与管理

综合管廊就是地下管道综合走廊，即建造一个隧道空间，将电力、通信、燃气、供热、给排水等各种工程管线集于一体，并设有专门的检修口、吊装口和监测系统，实施统一规划、统一设计、统一建设和统一管理。可以说综合管廊对满足城市地下空间开发利用，保证地下管线安全运营，消除“马路拉链”，保障交通通畅，提高综合防灾、减灾能力，都有非常重要的意义。

对于机场建设而言，工程规模巨大，地下空间紧张，周边环境复杂，配套管线种类众多，需要合理规划、布局各类专业管线；且机场客流量大，运营繁忙，安全保障要求高，就要尽量避免管线维护与扩容造成的安全生产隐患及交通拥堵、场容混乱情况。为了避免这些情况，综合管廊应运而生。在机场飞行区修建地下综合管廊，这在中国机场建设史乃至世界机场建设史上，都是十分罕见的，而综合管廊一旦位于飞行区，势必会有机场滑行道、跑道穿越上方，所以管廊承受的荷载非常大，对沉降和防渗漏的控制要求也非常严格，须对地下管线及周边建(构)筑物进行保护，以保障机场运行安全以及空防安全。在这样特殊复杂的环境下，如何保质保量完成任务，这将是机场综合管廊施工的重点和难点。

浦东机场飞行区综合管廊的建设，可以很大程度避免机场扩容所需的反复开挖，便于各种管线的敷设、增减、维修和日常管理，还具有一定的防震减灾作用，对机场的不停航运行效果显著，相比机场传统的地下管线直接敷设方式，使得综合管廊的优势尤为凸显，所以近年来首都新机场、厦门翔安国际机场、青岛新机场等都在积极推进机场飞行区综合管廊建设。

本章将主要介绍浦东机场三期扩建工程飞行区综合管廊工程施工技术与管理。

5.1 工程概况

5.1.1 工程简介

浦东机场三期扩建工程综合管廊土建及部分管线等工程位于浦东机场三期

扩建核心区，飞速路与飞翱路交叉口北侧。

本工程综合管廊埋地段总长约 875 m，从卫星厅接出后与南进场路西线(地道)平行设置，至飞速路抬升至架空段，穿过飞机滑行道区域和飞滑行道区域。管廊共有两仓室，左仓室断面净尺寸 9.1 m×2.9 m，纳入其中的管线主要为热力暖管和冷却水管；右仓室断面净尺寸 2.7 m×2.9 m，左侧由上至下分别为电信线缆和给水管线，右侧为电力线缆。管廊结构墙板、顶板及底板均为 1 000 mm，结构混凝土强度等级 C35，抗渗等级 P6。设计使用年限 100 年，安全等级为一级，结构构件裂缝控制等级为三级，防水等级为二级。基坑开挖深度为 6～6.3 m，宽度15.6 m，属于深基坑范畴，支护采用 SMW 工法桩支护，顶部设置单道混凝土支撑，其冠梁尺寸为 900×1 300，横向支撑为 900×700，间距为 8 m，纵向连梁为 400×400，间距 8 m，局部基坑较深处增加一道钢管支撑。坑底采用 10 m 三轴水泥搅拌桩满堂加固，局部位置采用深层搅拌，结构采用聚酯胎自粘型防水卷材外包外防水。

市政管线共 6 条，两条钢筋混凝土双孔雨水箱涵，位于申嘉湖高速东西两侧，南起飞速路，北至卫星厅新建接口，共计 2 117 m。四条污水管，其中一条为压力污水管，管材为球墨铸铁管；一条给水管，全长 1 160 m，为直径 600 mm 的螺旋钢管；两条电力管，一条为 35 kV，一条为 10 kV，共计 1 252 m；两条 9 孔通信管，共计 1 876 m；一条 950 m 长回用水管；其中各类管线在道面区均采用混凝土包封形式。

5.1.2 飞行区综合管廊工程特殊性

(1) 综合管廊紧邻浦东机场南进场路地道：综合管廊开挖深度 6.3～6.6 m，基坑外侧宽度 15.4～16.6 m，地道宽约 17 m、深约 5 m，地道侧壁距拟建管廊基坑水平净距 7～13 m。南进场路是进出 T1、T2 的主要通道，与机场运营息息相关。且新建的多条滑行道与南进场路地道交叉，须利用地道结构建造滑行道桥。这就要求在综合管廊基坑施工过程中必须严格控制基坑变形。

(2) 综合管廊埋设区域属于港湾机坪范围，管廊顶面覆土深度 700～1 500 mm。机坪设计按照波音 747 客机荷载考虑，最大着陆质量 394 t，且属于反复冲击荷载。这就要求综合管廊地基承载力稳定性高、结构沉降控制严格。

(3) 综合管廊下方约 6.5 m 处存在直径 6 900 mm 的盾构，为浦东机场捷运系统工程，规划采用 1 435 mm 标准地铁轨距，地下隧道内铺设无缝线路和混凝土整体道床，按与 B 型地铁列车相对应的线路工程主要技术标准考虑，车辆最高速度 80 km/h。这就要求综合管廊基坑支护须充分结合盾构穿越条件考虑，采用 SMW 工法桩，通过插入 H 型钢作为水泥搅拌桩应力补强材，基坑施工完毕拔除 H 型钢后水泥搅拌桩柔性支护体可满足盾构穿越条件。

(4) 除综合管廊自身结构荷载要求外，入廊管道主要为供卫星厅使用蒸汽热力管、冷冻水供回水管、凝结水管、给水管、电信线缆和电力线缆，其中最大蒸汽热力管和冷冻水供回水管为 D1220×14 螺旋缝埋弧焊钢管，管道运行期间荷载大，加之管廊结构荷载要求，结构板厚尺寸大(底板、顶板及外壁均达 1 m 厚)，配筋密集(主筋均为 25 mm、32 mm，间距 100～150 mm)。

(5) 受周边建(构)筑物及地下已有埋设管线条件制约，施工场地狭长，施工可利用空间非常有限。

(6) 浦东机场区域地质条件较差,地下水位高,管廊防渗漏要求高。

5.1.3 飞行区综合管廊工程重点、难点

(1) 本工程周边区域分布有各类地下管线,靠近综合管廊东侧为通行中的南进场西路,施工势必会对地下管线、南进场西线构成一定影响,必须加以保护,防止对机场运营及南进场路西线的通行造成影响。

(2) 本工程综合管廊基坑采用SMW工法桩进行支护,基坑长度约为875 m,宽度分为15.4 m、16.6 m两种,开挖平均深度在6.0 m左右。该区域地下水位较高、地质条件较差、施工期间的基坑稳定控制难、基坑施工安全隐患大,是本工程的施工难点。

(3) 本工程综合管廊飞机通行下方管廊区段底板、墙板、顶板的厚度达到1 m,属于大体积混凝土范围。施工不当会产生裂缝,导致管廊渗漏水。

(4) 防止渗漏水一直是地下工程施工的难点,我国有部分已投入使用的地下管廊因为渗漏水而影响到管廊后期使用。该区域地下水位较高,新建综合管廊埋深一般在6 m左右。为确保管廊工程在投入使用后的运营正常,管廊防渗漏至关重要。

(5) 本工程施工涉及综合管廊结构、搭板、基坑围护、地基处理、污水管道、排水沟、电气、给水、通信、回水等十几个专业,各专业施工区域相邻或交叉,而且基本上为地下工程,施工组织难度大。另外根据业主施工规划,在本工程施工期间,施工范围内还将会与其他施工单位有施工交叉,施工时也是需要重点考虑的。

5.2 飞行区综合管廊防渗漏施工控制

综合管廊工程场地内地下水位较高,且为大体积混凝土结构,采用"跳仓法"施工,每节长度22~24 m,节间变形缝设置中埋式带钢边的橡胶止水带,管廊结构在底板翻高300 mm处留置施工缝,施工设置止水钢板。整个管廊的防水控制主要为基坑搅拌桩施工质量控制、混凝土结构施工控制、变形缝及施工缝施工、防水卷材施工等四方面。管廊基坑及结构示意图如图5-1所示。

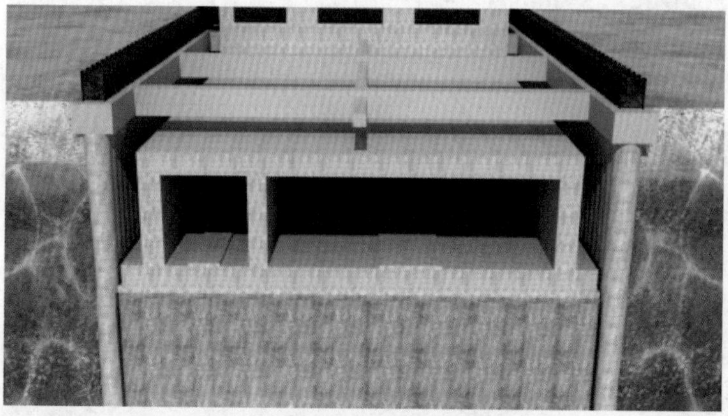

图5-1 管廊基坑及结构示意图

5.2.1 基坑搅拌桩施工质量控制

在实际工作中，水泥搅拌法加固地基时，其加固的土层往往不只是一种，而是多种，常常为人工填土、淤泥或淤泥质土、松散的粉土和砂土等。地基土的含水量、有机质含量及力学性质等对水泥土的抗压强度有着直接的影响。经验表明，土样含水量每降低10%，则水泥土强度可增加10%～50%；有机质含量少的水泥土强度比有机质含量高的水泥土强度大得多。这样一来，由于同一根桩穿越含水量、有机质含量、土性各不相同的土层，使得桩身不同部位的水泥含量、水泥强度和搅拌的均匀性均存在很大的差异。而施工时，无法实现同一根桩在不同地层中水泥掺量的差异控制，故须在施工前进行试桩，确定水灰比、搅拌速度，从而找到一套广泛适用于各个土层的施工参数，以指导大面积的施工。另本项目搅拌施工时，遇地下老桩影响，须采用旋挖清障及部分老桩利旧措施。

本项目搅拌桩长度范围内穿越的土层种类较多，主要由吹填土(粉质黏土夹粉砂)、吹填土(淤泥质粉质黏土夹黏质粉土)、黏质粉土夹粉质黏土、砂质粉土、淤泥质粉质黏土、黏质粉土夹淤泥质粉质黏土和淤泥质黏土等土质组成。其中搅拌桩在吹填土(粉质黏土夹粉砂)、吹填土(淤泥质粉质黏土夹黏质粉土)、黏质粉土夹粉质黏土、淤泥质粉质黏土、黏质粉土夹淤泥质粉质黏土等土层都能正常固结。其中含有不利于搅拌桩固结的砂质粉土(工程性能差，具有明显的触变性和流动性，在外力作用下，易扰动液化，土体呈流动状，保蓄性差，含水率较低)与淤泥质黏土(天然含水量大、压缩性高、承载能力低)两个土层。地层特性图如图5-2所示。

1) 搅拌桩施工流程

搅拌桩施工流程如图5-3所示。

2) 质量控制

搅拌桩的施工质量控制就是桩体强度的控制，桩体强度的控制主要为水泥用量及桩体搅拌均匀度控制，而水泥用量的控制主要是浆液比重的控制，桩体搅拌均匀度控制主要是桩施工时间的控制。根据上述分析，在水泥浆液比重合格的条件下，使单桩的水泥浆液注入土中的时间和搅拌桩钻杆下钻及提升的时间相等，即可达到施工控制要求；保证"两个时间"相等是施工质量控制的重中之重。

本工程桩施工质量的控制手段为采用了智能化的控制系统(图5-4)：

(1) 单桩施工时间根据下钻和提升速度即可确定，如何保证水泥浆液在规定的时间内注入量满足要求，须选择合适的泥浆泵功率，确保浆液的流量。为调节泥浆泵的流量，采用加装无级调速变速器的方式控制泥浆的流量，选择流量和泥浆泵最佳的匹配转速。

(2) 另为实现自动化监控搅拌桩施工质量，采用如下设备进行监控：① 加装传感器：对施工中的电流情况、下降深度、速度、桩机垂直度、水泥浆流量、电机转速等数据进行感知。② 变频控制：对桩机控制升降的卷扬电机、动力头电机、泥浆泵电机进行变频控制。

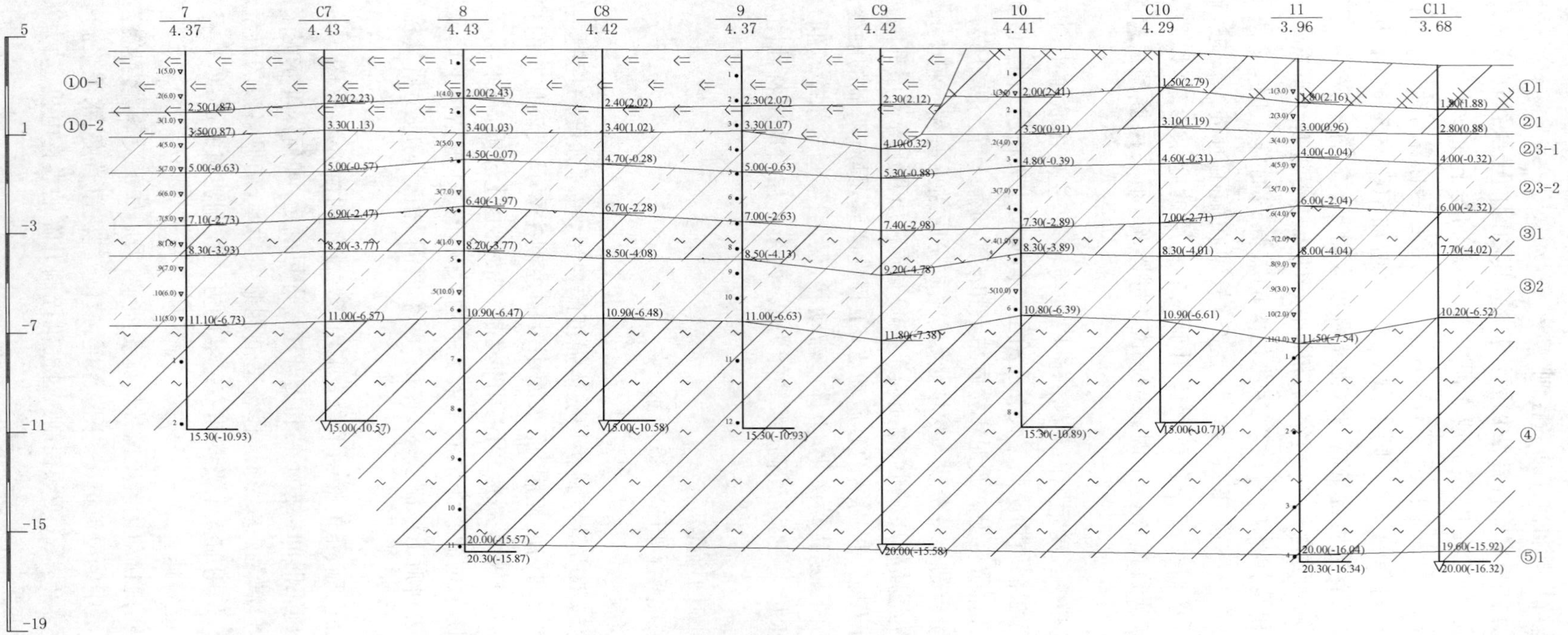
7
4.37
C7
4.43
8
4.43
C8
4.42
9
4.37
C9
4.42
10
4.41
C10
4.29
11
3.96
C11
3.68
①0-1
①0-2
①1
②1
②3-1
②3-2
③1
③2
④
⑤1
5
1
-3
-7
-11
-15
-19

图 5-2 地层特性图

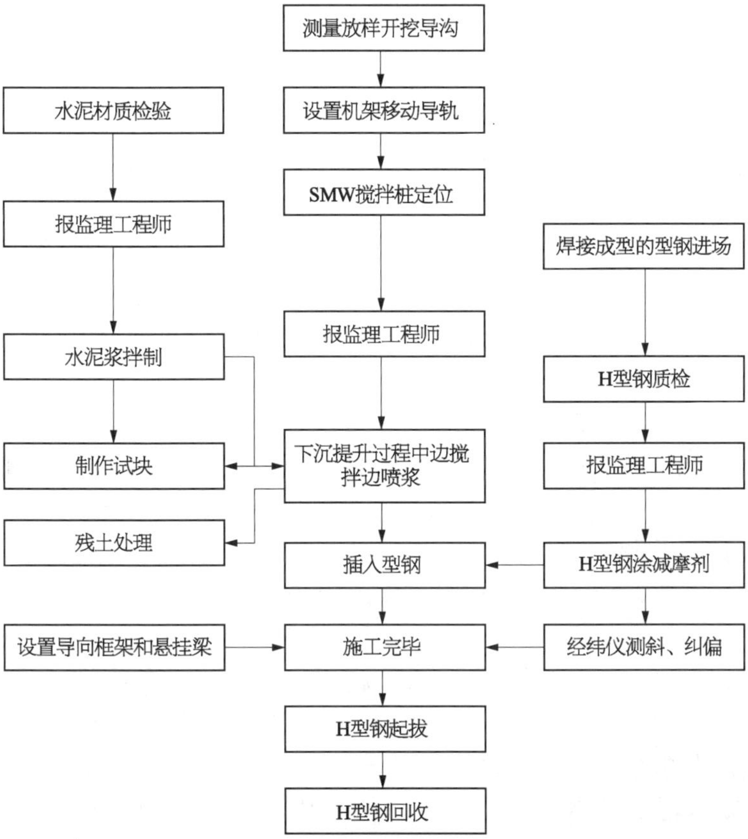

图5-3　搅拌桩施工流程

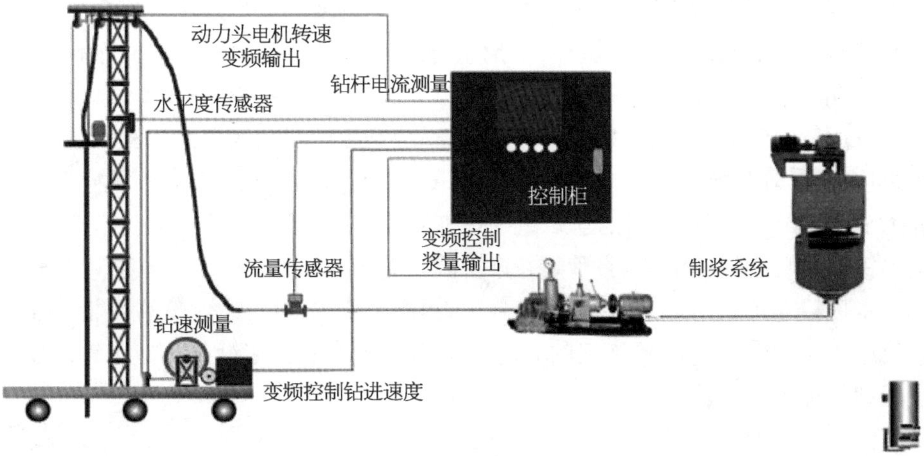

图5-4　搅拌桩施工智能化控制系统

5.2.2 综合管廊混凝土结构施工控制

5.2.2.1 总体施工方案——抗放结合，跳仓施工

混凝土不存在完全的自由状态或完全的约束状态，无论是混凝土自身水化反应的结果，还是外部环境变化引起的不适应性（温度、湿度、约束条件），均会引起形变（收缩、膨胀），这种形变使其产生应力变化，应力的不均衡分布，也就构成了混凝土开裂的内在原因。而这种内在原因，并不能靠人为手段完全解决，因此，混凝土的开裂是一种必然性的表现。

当混凝土处于完全的自由状态下，收缩不造成开裂，虽然形变最大，但应力为零；当混凝土处于完全的约束条件下，膨胀不造成开裂，虽然应力最大，但形变为零。当然，混凝土不存在这两种理想状态，但为减轻或避免开裂指出了方向。王铁梦在《钢筋混凝土结构的裂缝控制》一文（《混凝土》2000 年第 5 期）中提出抗与放的技术路线，可以理解为：在某些条件下，尽量使混凝土构件处于比较自由的状态，增加其允许形变的能力，以减小应力，为"放"；在某些条件下，尽量使混凝土构件处于约束较强的状态，增加其允许应力变化的能力，以减少形变，为"抗"；在大多数情况下，应该"抗""放"结合。

为了尽量使混凝土构件处于比较自由的状态，增加其允许形变的能力，以减小应力，本工程设计采用 22～24 m 为一节，跳仓施工，先施工单数节结构，再施工双数节结构，此为"放"。跳仓法充分利用了混凝土在 5～10 d 期间性能尚未稳定和没有彻底凝固前容易将内应力释放出来的"抗与放"特性原理，将建筑物地基或大面积混凝土平面机构划分成若干个区域，按照"分块规划、隔块施工、分层浇筑、整体成型"的原则施工，其模式和跳棋一样，即隔一段浇一段。相邻两段间隔时间不少于 14 d，以避免混凝土施工初期部分激烈温差及干燥作用，这样就不用留后浇带了。

为了尽量使混凝土构件处于约束较强的状态，增加其允许应力变化的能力，以减小形变，本工程在混凝土中掺加市场上新型纤维抗裂防水剂，主要原材为改性聚丙烯纤维、抗裂防水剂组分。添加改性聚丙烯纤维，能有效控制混凝土各龄期不同因素引起的微裂缝，掺加抗裂膨胀组分，使混凝土产生适度体积膨胀，能有效补偿混凝土的收缩；添加抗裂防水剂组分能改善混凝土中孔结构分布，降低混凝土的孔隙率，提高密实度，此为"抗"。

采用较短的分段跳仓，以"放"为主，以适应施工阶段较高温差和较大收缩，其后再连成整体以"抗"为主，以适应长期作用的较低温差和较小收缩。跳仓间隔时间为 14 d。跳仓法施工方法是以"缝"代"带"，其关键是"跳仓"间隔浇筑。底板、侧墙钢筋、模板、混凝土均可"小块"分仓流水施工，流水节拍缩短从而可缩短工期。本项目管廊采用奇、偶数段跳仓施工，提高了流水施工效率，减少了混凝土收缩拉应力影响。跳仓间隔施工的时间不宜小于 7 d，跳仓接缝处按施工缝的要求设置和处理。

5.2.2.2 结构施工控制

1）钢筋工程

综合管廊结构墙体钢筋尺寸大，其中竖向钢筋直径 32 mm、水平钢筋直径

25 mm，竖向受力钢筋置于水平钢筋外侧。从控制温度变形及收缩变形的角度考虑，配小直径、高密度水平钢筋，并将墙体水平钢筋置于外侧，有利于控制墙体表面裂缝的产生。项目前期，就此问题和设计单位沟通，但设计单位从受力的角度否定了这一举措，要求按图施工。但为抑制墙体微裂缝的产生，在管廊墙体应力集中部位设置宽 500 mm 的抗裂钢丝网，效果显著(图 5－5)。

图 5－5　管廊侧壁钢丝网布置

2) 混凝土工程

(1) 水泥。采用水化热较低的硅酸盐水泥、普通硅酸盐水泥、矿渣水泥，在满足强度要求的前提下，尽量采用低标号、低细度、少用量水泥，其强度等级不低于 35 MPa。本项目混凝土有抗渗指标，所有的水泥铝酸三钙含量不宜大于 8%。不同品种多强度等级的水泥不得混用，大体积混凝土所用水泥其 3 d 的水化热不宜大于 240 kJ/kg，7 d 的水化热不宜大于 270 kJ/kg。

(2) 骨料。细骨料砂的粒径应在 5 mm 以下，细度模数(UF)控制在 2.3～3.0 的河砂，不得采用细砂、特细砂，砂的含泥量不应小于 3%，砂率控制在 35%～42%。粗骨料选用粒径 5～31.5 mm，并应连续级配，含泥量小于 1%，并应选用非碱活性的粗骨料。

(3) 掺和料。粉煤灰级别不低于二级，烧失量不用大于 5%，粉煤灰应采用游离氧化钙含量不大于 10%的低钙灰。粉煤灰掺量不大于胶凝材料的 20%。矿粉掺量不超过胶凝材料的 50%。

(4) 外加剂。采用目前市场上新型的、以改性聚丙烯纤维和抗裂防水剂组分为主要原材料的纤维抗裂防水剂，其中改性聚丙烯纤维能有效控制混凝土各龄期不同因素引起的微裂缝，防止及抑制裂缝的形成及发展。同时，因掺入抗裂防水剂组分，使混凝土产生适度体积膨胀，有效补偿了混凝土的干缩和冷缩；防水组分改善了混凝土中孔结构的分布，降低了混凝土中孔隙率，提高了混凝土的密实度，增强了混凝土的抗渗性能。减水剂采用聚羧酸系高效减水剂，其中不含有氯离子及氨根离子，避免了对钢筋的腐蚀。

底板混凝土采用斜面分层浇筑如图 5－6 所示，侧墙分层交替浇筑如图 5－7 所示，平板覆膜、喷淋养护如图 5－8 所示，侧墙带模养护如图 5－9 所示。

3) 综合管廊结构施工流程

综合管廊结构施工流程图如图 5－10 所示。

5.2.3　变形缝及施工缝施工质量控制

(1) 管廊跳仓变形缝处环向橡胶止水带施工遵循“一缝一接头”的原则，定尺制作止水带长度，接头设置在结构顶板应力较小的位置，采用机械和热连接，其平

图 5-6　底板混凝土采用斜面分层浇筑

图 5-7　侧墙分层交替浇筑

图 5-8　平板覆膜、喷淋养护

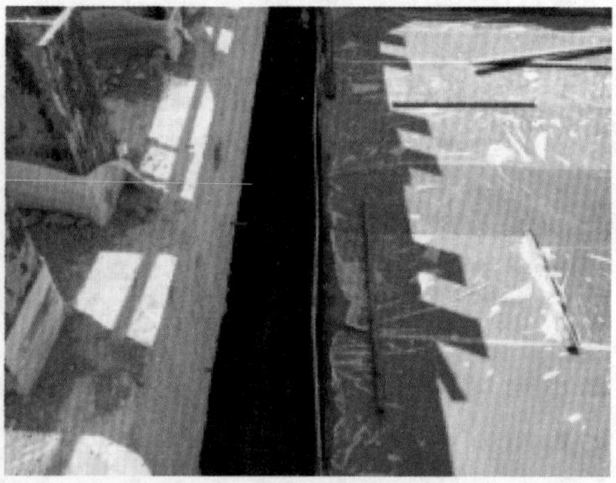

图 5-9　侧墙带模养护

板方向利用变形缝两侧端头模板夹持及结构钢筋协同固定，竖直方向利用端头模板和钢筋固定的同时，上部采用收拉措施拉紧止水带，确保止水带顺直，这样可保证止水带轴线与变形缝轴线重合且与端头模板无缝隙，避免漏浆，确保变形缝处混凝土的浇筑质量，减小变形缝的渗水隐患。变形缝及施工缝质量施工控制如图 5－11～图 5－13 所示。

（2）施工缝止水钢板的施工主要在于钢板端头的连接和止水钢板与钢边止水带的连接，两个连接处必须满焊，并且焊接应采用小电流焊接，以防将钢板和钢边焊透。

5.2.4　结构防水卷材施工质量控制

本工程卷材在施工前经过详细排版，避开卷材防水薄弱处与结构防水薄弱处重叠。从注重薄弱处的细部节点考虑，节点做法具体如下。

1）侧墙防水甩接茬(图 5－14)

2）底板与侧墙交接(图 5－15)

3）底板坑、池防水做法(图 5－16)

4）平立交接处做法(图 5－17)

5）外贴施工缝做法(图 5－18)

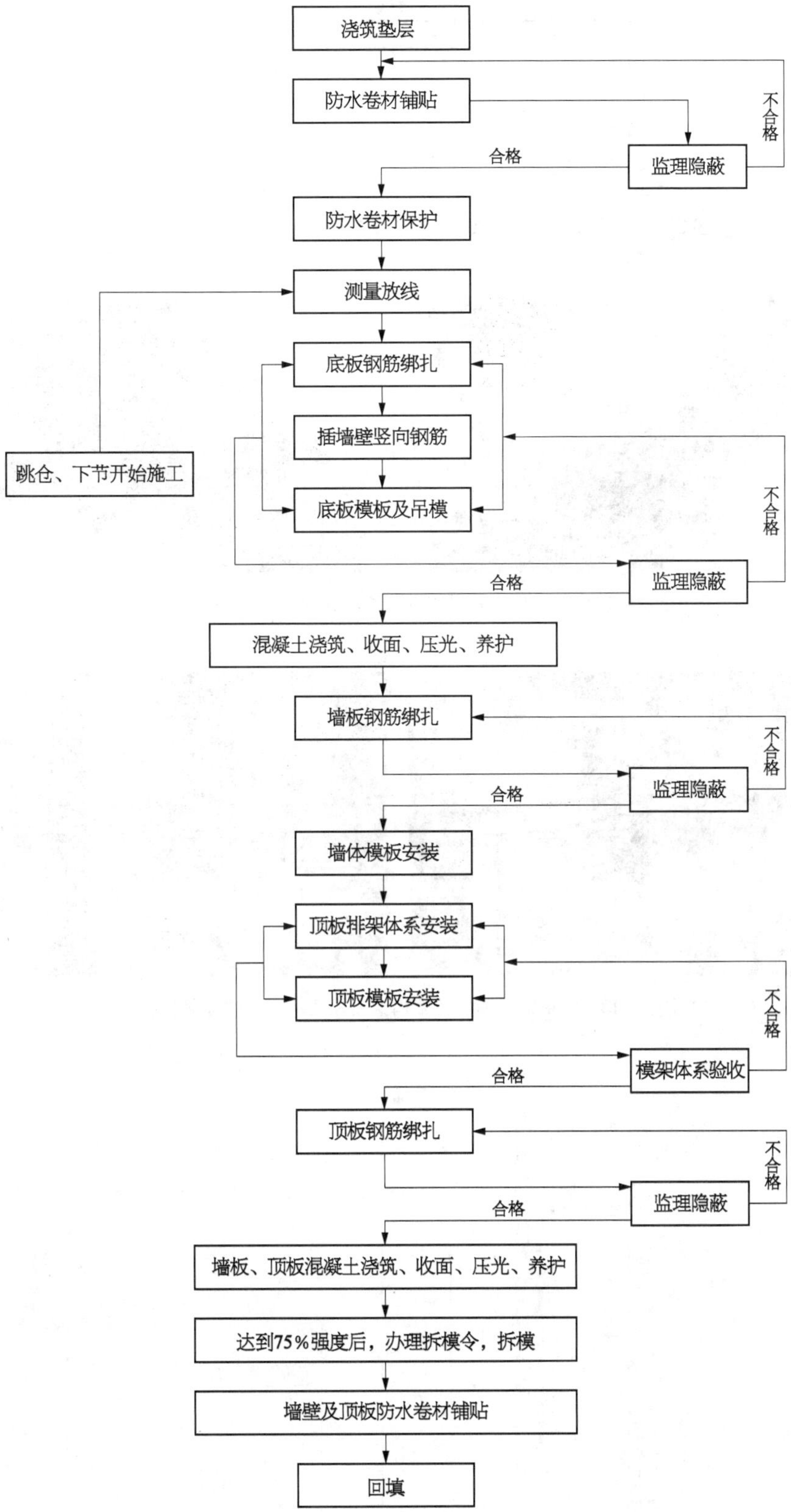

图 5-10　综合管廊结构施工流程图

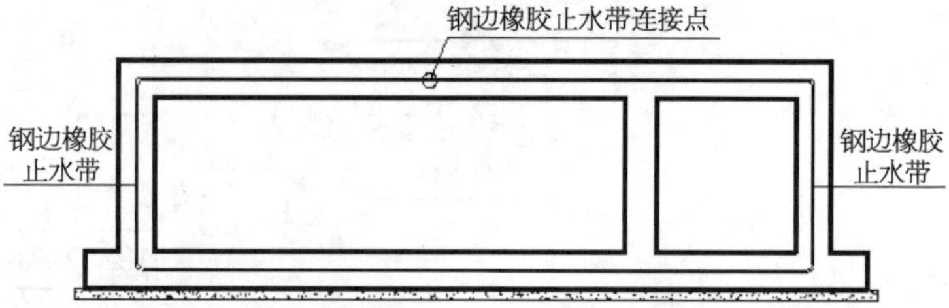

图 5 - 11　一条缝一个接头，止水带长度根据环向变形缝中线长度确定

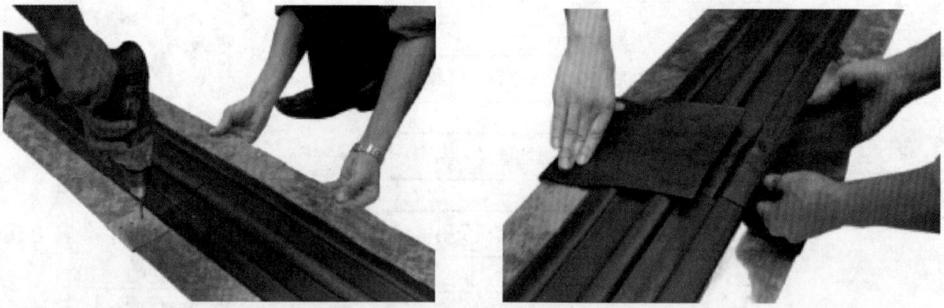

图 5 - 12　接头钢板部分采用铆钉固定，橡胶部分采用橡胶热接的方式

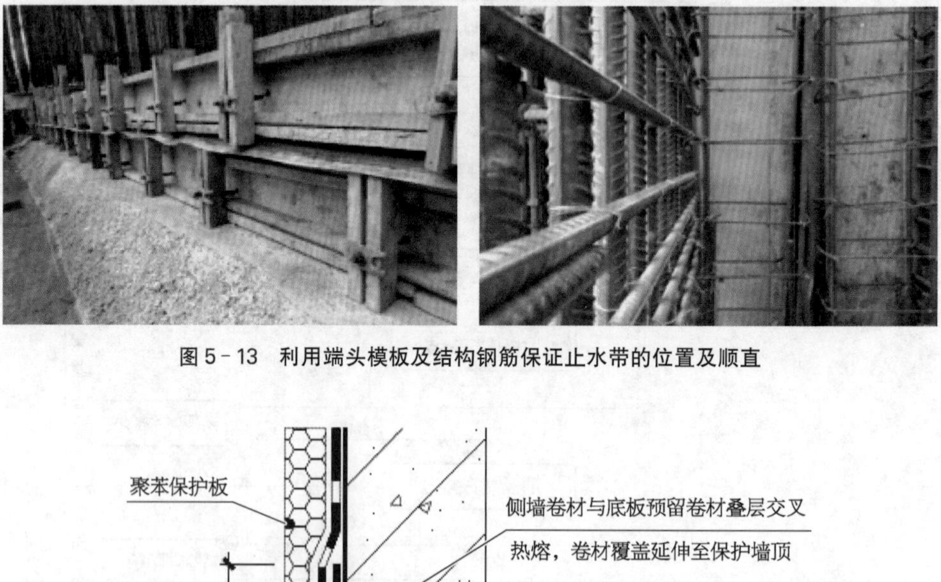

图 5 - 13　利用端头模板及结构钢筋保证止水带的位置及顺直

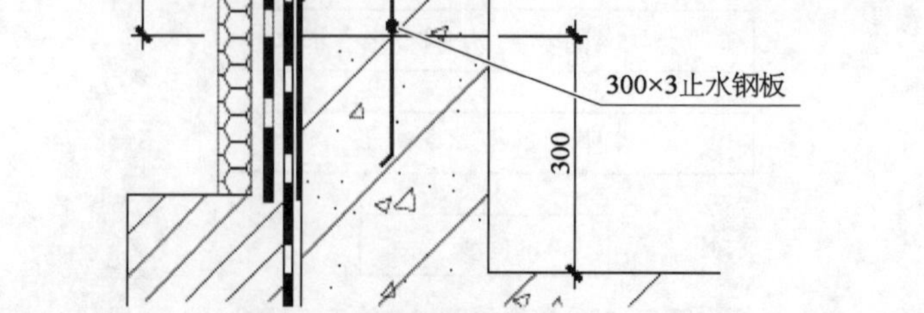

图 5 - 14　侧墙防水甩接茬大样图

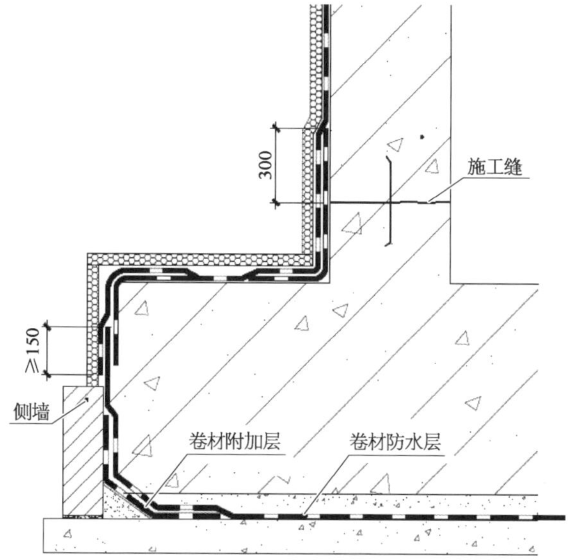

图 5-15　底板与侧墙交接大样图

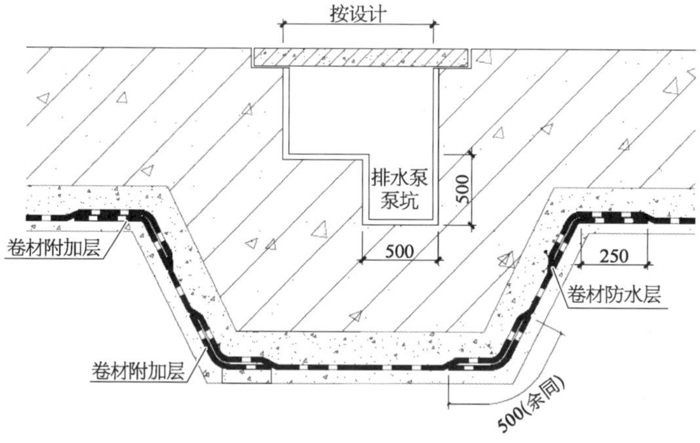

图 5-16　底板坑、池防水做法大样图

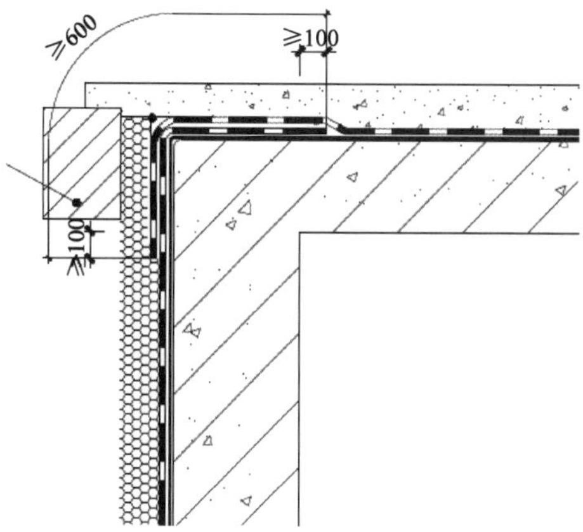

图 5-17　平立交接处做法大样图

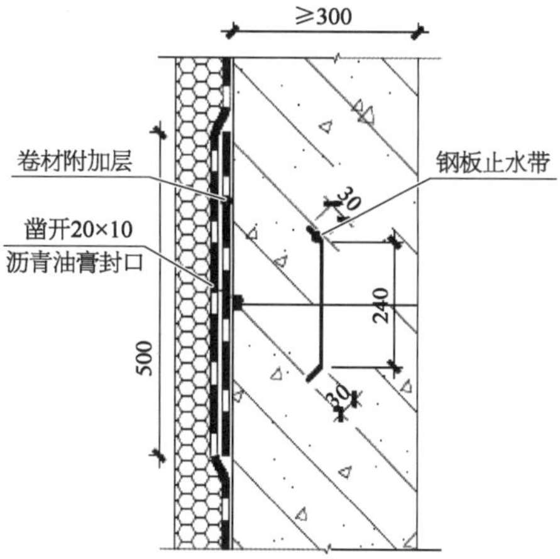

图 5-18　外贴施工缝做法大样图

6）穿墙管做法（图 5－19）

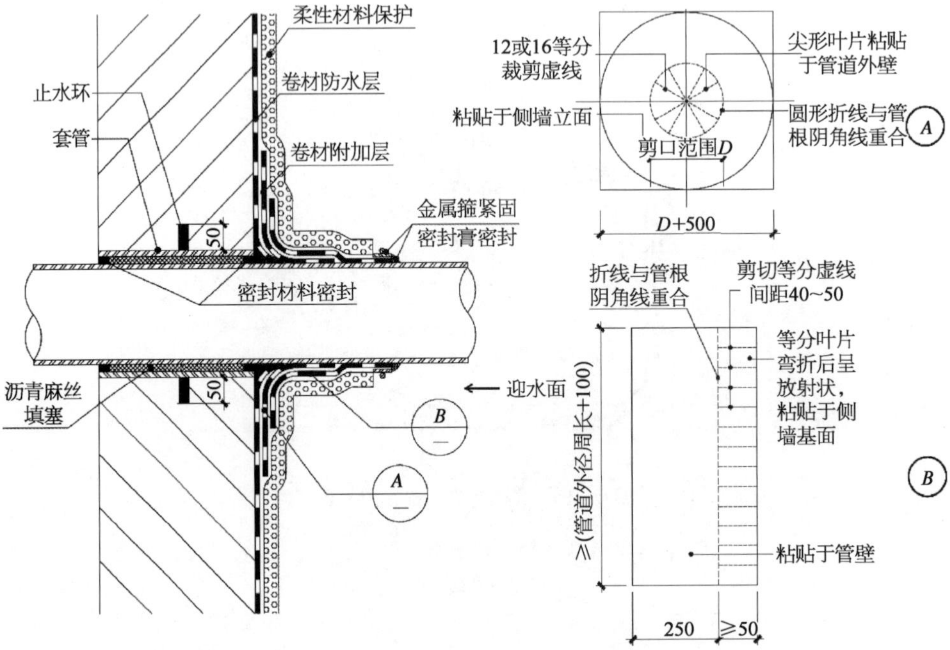

图 5－19　外墙穿管做法大样图

7）穿墙管束做法（图 5－20、图 5－21）

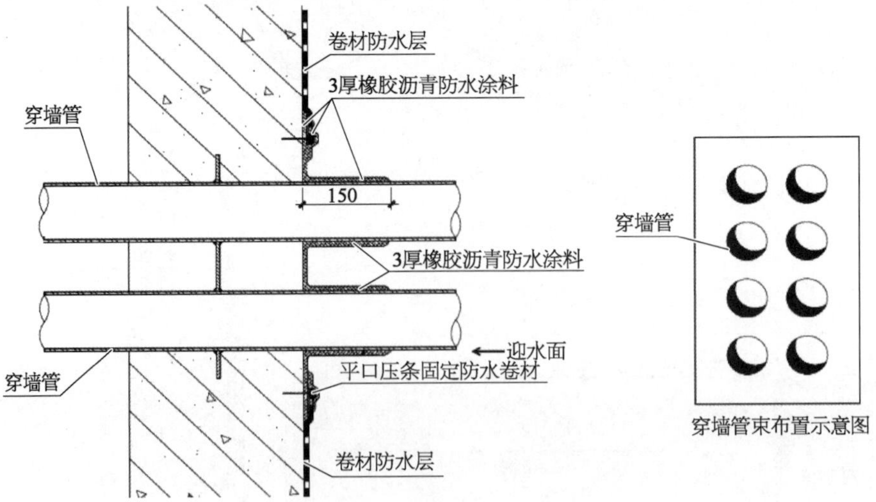

图 5－20　外墙管束做法大样图

8）变形缝做法（图 5－22～图 5－23）

9）阴阳角防水做法

（1）阳角附加层做法如图 5－24～图 5－28 所示。

图 5 - 21　外墙管 SBS 防水层做法大样图

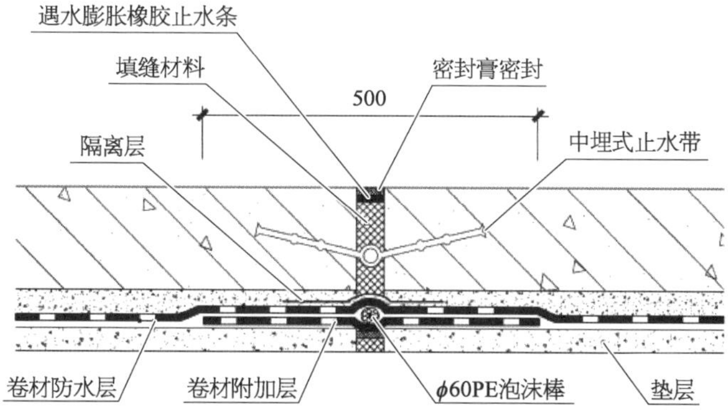

图 5 - 22　底板变形缝防水做法

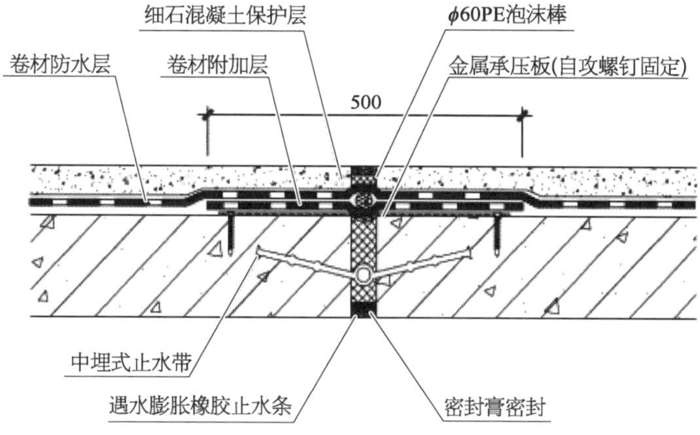

图 5 - 23　侧壁变形缝防水做法

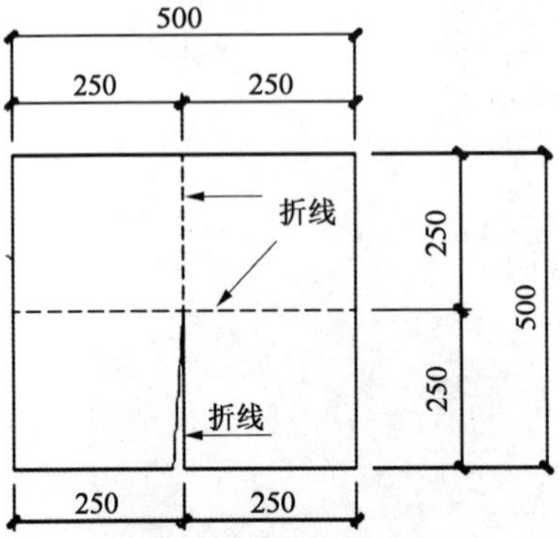

图 5－24　阳角折线图

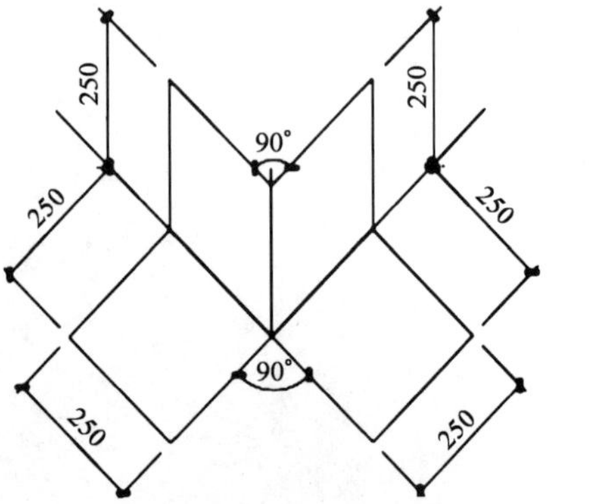

图 5－25　阳角折边图

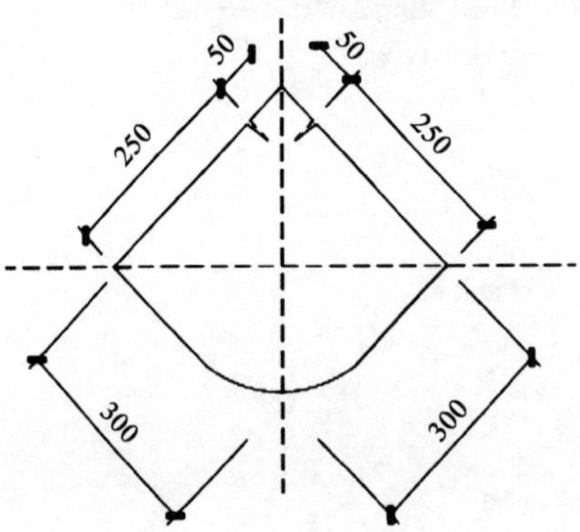

图 5－26　阳角附加图

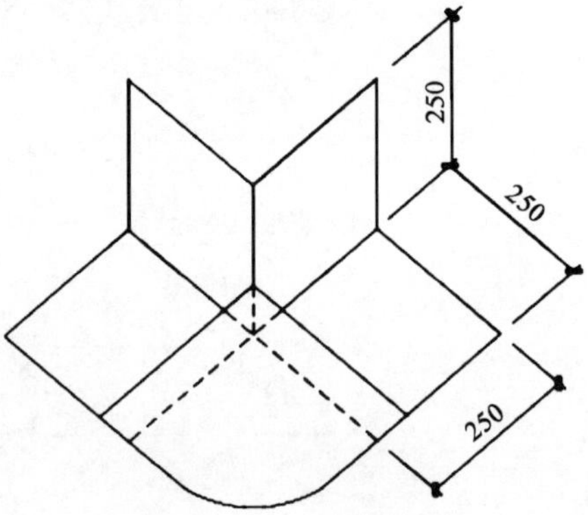

图 5－27　阳角组合图

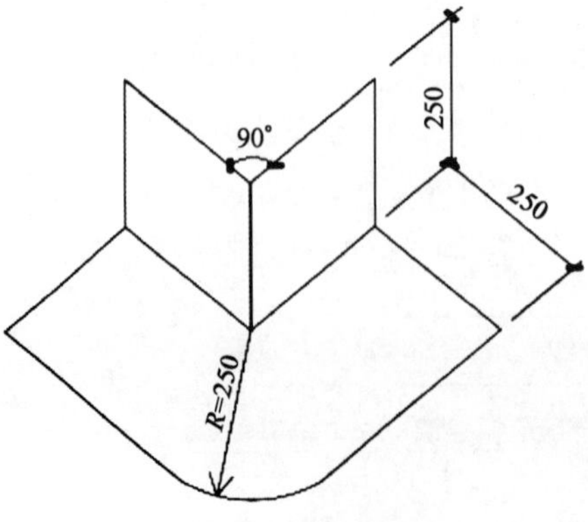

图 5－28　阳角成型图

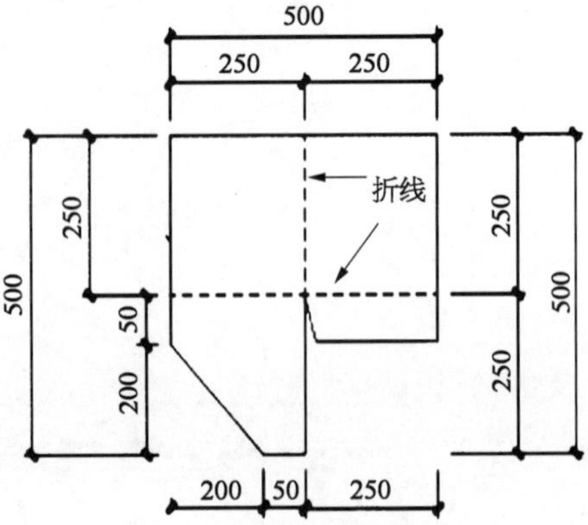

图 5－29　阴角折线图

(2) 阴角附加层做法如图 5－29～图 5－31 所示。

(3) 现场阴阳角防水施工图如图 5－32 所示。

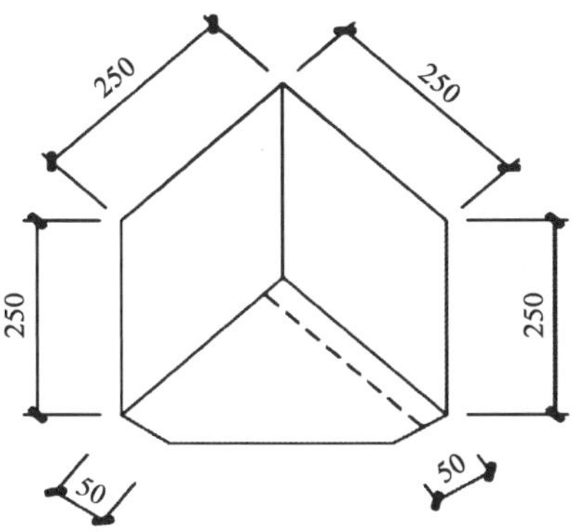

图 5-30 阴角组合图

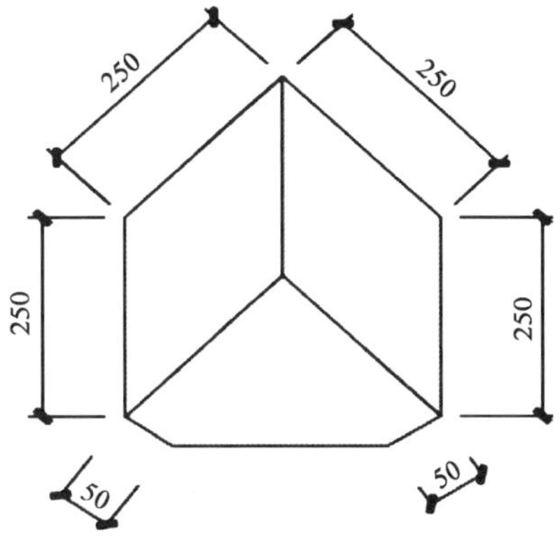

图 5-31 阴角成型图

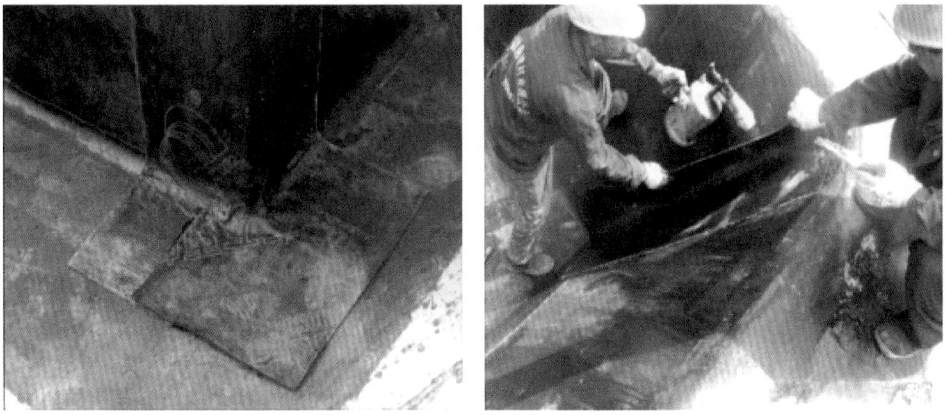

(a) 阳角防水加强层　　(b) 铺设阴角防水加强层

图 5-32 现场阴阳角防水做法

5.3 基于 BIM 的现场施工管理信息化技术

在项目筹建阶段，利用建筑信息模型（BIM）技术模拟施工现场平面布置，提高施工组织协调的有效性，集成工程资源、进度、成本等信息，实现合理的施工流水划分。在项目实施中期，西区综合管廊和雨水箱涵同时施工，东区雨水箱涵及各类管线施工之际，因场地长线型、管理范围大、各家施工交叉等因素影响，加之施工材料周转不方便等，造成场地内材料散乱。项目部利用 BIM 技术形象直观地模拟了各个阶段的现场情况，灵活地进行现场平面布置，实现现场平面布置合理、高效，有效合理安排了模板、方木、钢管、扣件等有序周转，从而解决了场地材料杂乱无章等问题。

同时在施工过程中可通过 BIM 技术进行碰撞分析，提前进行各专业设计的碰撞检查，事先协调，从而大幅减少施工变更，对于一些复杂的工艺流程及工程节点，以三维模型及动画的方式直观立体地展现出来，通过可视化的技术交底，便于对工人进行培训，使其在施工前充分了解施工内容和顺序，能够对施工现场突出存在的问题进行有效控制，防止错误施工状况的发生。与传统的施工技术相比，BIM 技术能改善施工管理、保证施工工期、实现精益化施工效果。

BIM 场地规划建模如图 5－33 所示，BIM 优化钢筋下料如图 5－34 所示，BIM 钢筋算量如图 5－35 所示，BIM 混凝土算量如图 5－36 所示，BIM 模板算量如图 5－37 所示，BIM 预埋件安装如图 5－38 所示。

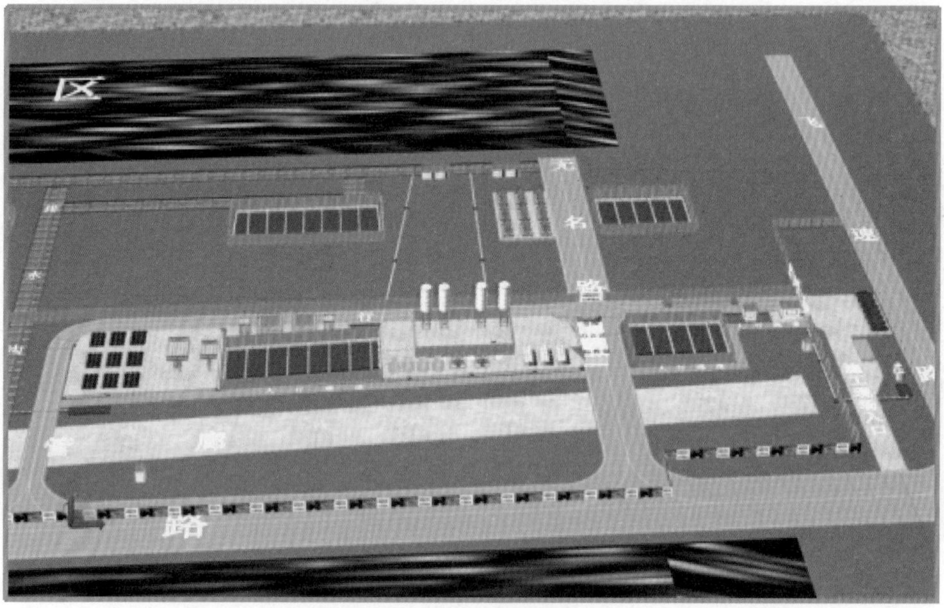

图 5－33　BIM 场地规划建模

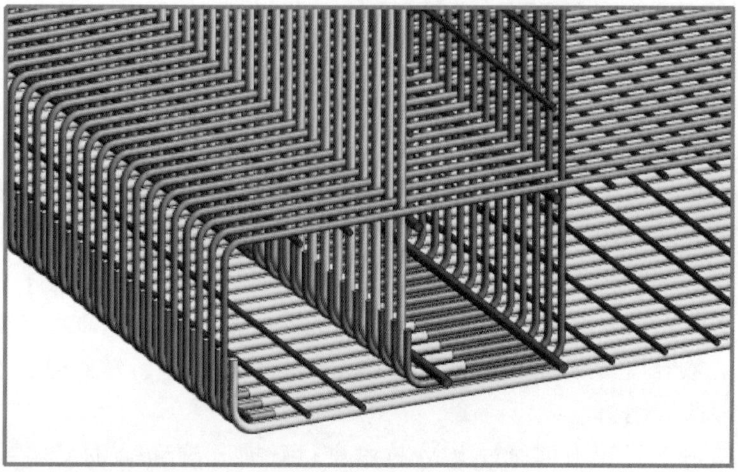
图 5－34　BIM 优化钢筋下料

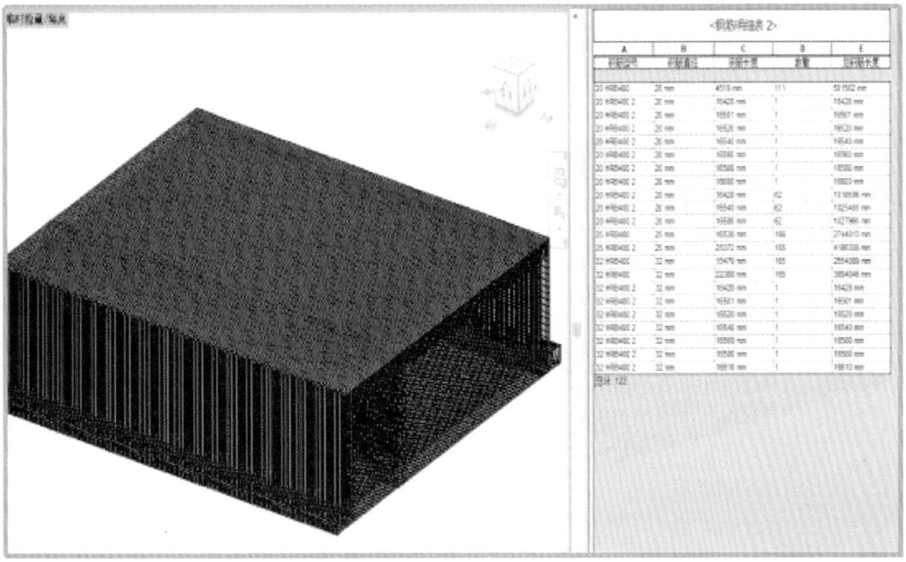

图 5－35　BIM 钢筋算量

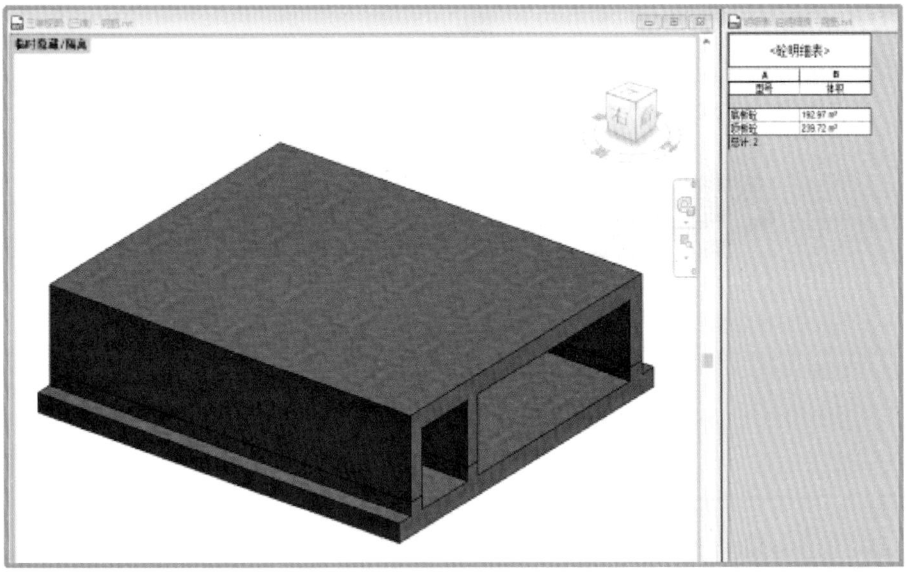

图 5－36　BIM 混凝土算量

5.4　施工效果

本项目除管廊外，东西两侧另有两条排水箱涵及电力、通信、污水、给水、回用水管道，属于线性工程，整个场区范围内先后施工较为复杂，且与三期建设场区内其他标段交叉作业频繁。项目前期施工部署划分明确，以南进场路为界，划分东西两区，每区又划分为三个施工段。西区以管廊为施工主线，西线排水箱涵以间隔 100 m 长的施工空间步距紧跟施工，在管廊与排水箱涵之间安装喷淋装置，起

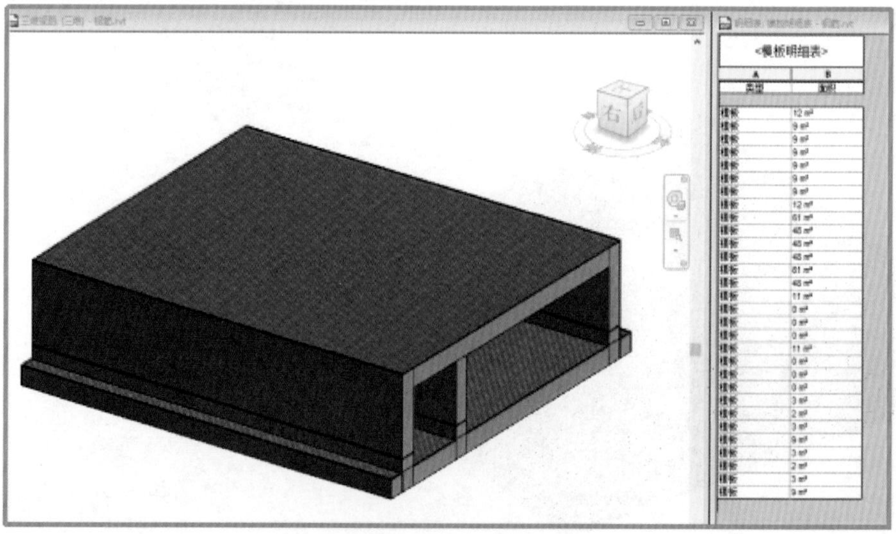

图 5－37　BIM 模板算量

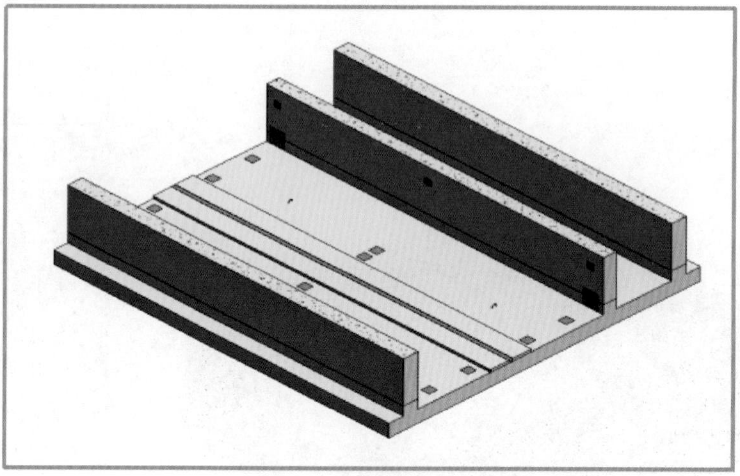

图 5－38　BIM 预埋件安装

到自动喷淋养护的同时又兼顾场地内的降尘。同时合理、分阶段地布置材料的堆场，考虑周转性材料的合理安排，也确保了场容场貌等安全文明施工管理。整个东区以排水箱涵为施工主线，根据管线之间的平面距离，合理考虑施工便道及场地内土方平衡，先深后浅依次施工，其中，穿越卫星厅段管道因施工外界条件要求苛刻，进行了提前考虑、提前施工，为后续施工范围内管线的贯通创造了条件。施工内容及施工场地部署如图 5－39 所示。

整个项目历经 550 d，于 2018 年 6 月 15 日正式完成竣工验收，为浦东机场三期扩建工程核心区内首个完成竣工验收的项目。整个项目在施工过程中未发生一起质量、安全事故，在满足承揽合同的前提下，荣获“上海市绿色达标工地”“安全文明工地”，质量达到“上海市市政金奖”的评奖条件，同时获得“建筑业 10 项新技术示范工程”称号。下面将防水工程、钢筋工程、混凝土土工程、回填、整体施工过程图片分别展示如下。

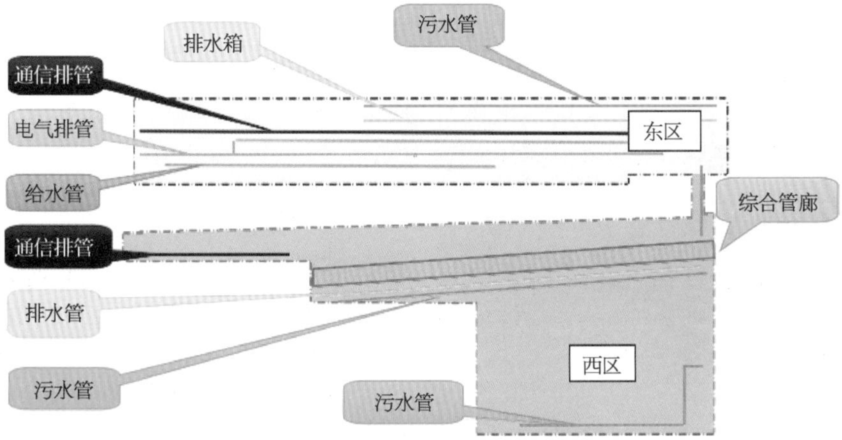

图 5-39　施工内容及施工场地部署

1）防水工程（图 5-40～图 5-42）

图 5-40　防水卷材粘贴

图 5-41　伸缩缝中埋式橡胶止水带

图 5-42　墙体施工缝设置止水钢板

2) 钢筋工程(图 5－43～图 5－46)

图 5－43　马凳筋

图 5－44　底板钢筋

图 5－45　底板预埋件

图 5－46　顶板钢筋

3) 混凝土工程(图 5－47、图 5－48)

图 5－47　跳仓施工

图 5－48　底板压光抹平

4）回填工程（图 5－49、图 5－50）

图 5－49　侧壁中粗砂分层夯实回填

图 5－50　管廊顶部素混凝土回填

5）整体效果（图 5－51、图 5－52）

图 5－51　小仓电力桥架安装后效果

图 5－52　大仓供水管道安装后效果

第6章 飞行区工程禁区不停航施工管理

浦东机场作为国际上客运吞吐量排名靠前的民用机场，其限制区建设有着严格的管理要求。为了保证机场的建设能够正常进行，需要按照《民用机场不停航施工管理规定》和制定施工方案措施做好施工的管理工作。

飞行区工程禁区是指在跑道、滑行道安全距离内的区域或者在该处施工将会影响到飞机运行和机场正常运营的区域。

根据《民用机场不停航施工管理规定》第二条规定：不停航施工是指在机场不关闭并按照航班计划和放行航空器的情况下，在飞行区、部分航站区内实施工程作业。本工程施工过程涉及滑行道区域，第三阶段涉及机坪区域的施工，并且在该区域施工过程中采取分阶段施工，机场不关闭并且飞行区正常进行航班计划。根据规定本工程涉及不停航施工，因此施工过程中要严格按照机场有关规定进行作业，保证航班正常运行。

规定要求，在滑行道及机坪道面边以外进行施工的，当航空器通过的时候，要保证在滑行道中线位置及机坪滑行道中线位置到施工物体的最小安全距离内不得有影响航空器滑行安全的机械、施工人员等其他物体，并且要保证不能有松散物被吸入发动机。飞行区工程禁区施工要求高、难度大，同时对于航班的运行存在安全隐患，因此禁区的施工组织管理每一步都需要细致化。

本章结合飞行区结构工程和场道工程禁区施工情况，以禁区典型工况为例总结了在施工过程中遇到的各种难题，为飞行区工程禁区不停航施工管理积累了宝贵的经验。尤其本章涉及的下穿通道及5号机坪改造工程特点鲜明，为国内少有的垂直下穿滑行道基坑施工，本工程的施工经验将对类似工程产生较大的借鉴意义，也为国内外机场禁区建设提供了有效的施工经验及理论指导。

6.1 飞行区结构工程不停航施工管理

6.1.1 下穿通道工程概况

浦东机场飞行区下穿通道及5号机坪改造工程位于浦东机场现状航站区与南航站区之间，主要建设内容为：改造5号机坪，建设飞行区E类滑行道，新建2座E类滑行道桥；T1东侧5个D类机位改造成8个C类机位；新建T1—S1、T2—S2服务车通道及行李车道，新建T2—S2捷运通道；实施南进场路东西侧排水渠工程，同步实施闸泵站工程及设备安装。

本工程处于浦东机场飞行区，横穿两条在用滑行跑道。根据《民用机场不停航施工管理规定》，在机场有飞行任务期间，禁止在跑道端之外300 m以内、跑道中心线两侧60 m以内的区域进行任何施工作业，机具、车辆的高度不得穿透障碍物限制面。除特别批准外，在滑行道、机坪道面边线以外施工的，应当与道（坪）边线保持7.5 m加上本机场使用最大机型翼展宽度0.5倍的距离。本工程下穿通道横穿在用T4、T3滑行跑道，在不停航施工要求下，对于制定合理、切实可行的施工部署难度较高。飞行区在建盾构隧道与本工程相距较近，两工程同时施工过程中相互影响，耦合作用明显，两工程需要共同进行施工策划，保证工程安全、高效进行。下穿通道南端邻近在建S1、S2，北端邻近T1、T2、登机桥改建工程，各工程建设过程中相互影响，对工序衔接、施工部署要求高。

其中一标段工程，主要内容为：新建T1—S1服务车通道及行李车道、T1东侧登机桥固定端改造、相关的管线搬迁等配套附属工程。T1—S1下穿通道具体布置如表6-1、图6-1所示。

表6-1 T1—S1下穿通道工程结构布置 (m)

序号	地道段	地道总长	暗埋段	敞开段	
				北敞开段	南敞开段
1	行李车道	1 173	794	189	190
2	服务车地道（东侧）	670	324	156	190
3	服务车地道（西侧）	259	112	147	

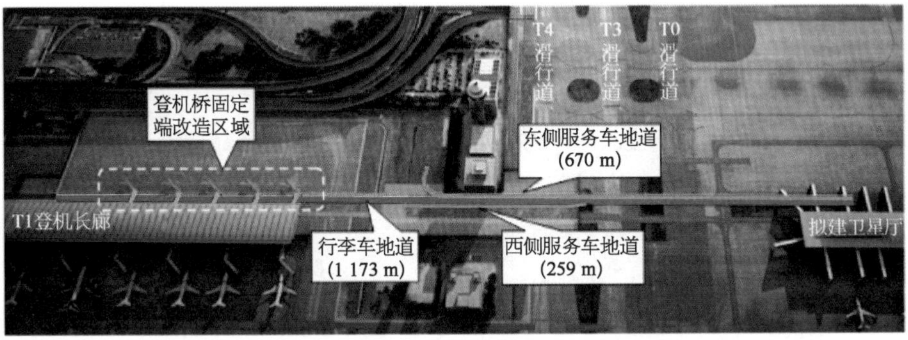

图6-1 T1—S1工程地理位置示意图

本工程施工区域位于 T1 机坪控制区域及 S1 区域之间，其中北段区域位于现有停机坪，该区域西侧紧邻 T1 登机廊；中段区域横穿现有 T4 及 T3 滑行道，东侧为航空塔台；南段为拟建卫星厅及拟建 T0 滑行道区域。下穿通道西侧有两条规划盾构隧道，其中，盾构隧道开工时间与下穿通道开工时间相近，两工程项目存在穿插施工现象。

T2—S2 服务车通道及行李车道，新建 T2—S2 捷运通道，以及实施南进场路东西侧排水渠工程，同步实施闸泵站工程及设备安装。T2—S2 下穿通道具体布置如表 6-2、图 6-2 所示。

表 6-2　T2—S2 下穿通道工程结构布置　(m)

<table>
<tr><th rowspan="2">序号</th><th rowspan="2">地　道　段</th><th rowspan="2">地道总长</th><th rowspan="2">暗埋段</th><th colspan="2">敞　开　段</th></tr>
<tr><th>北敞开段</th><th>南敞开段</th></tr>
<tr><td>1</td><td>服务车道(东侧)</td><td>808</td><td>463</td><td>171</td><td>174</td></tr>
<tr><td>2</td><td>捷运通道</td><td>596.75</td><td>596.75</td><td>/</td><td>/</td></tr>
<tr><td>3</td><td>行李车道</td><td>590</td><td>404</td><td colspan="2">186</td></tr>
<tr><td>4</td><td>服务车道(西侧)</td><td>251.75</td><td>97.75</td><td>154</td><td>/</td></tr>
</table>

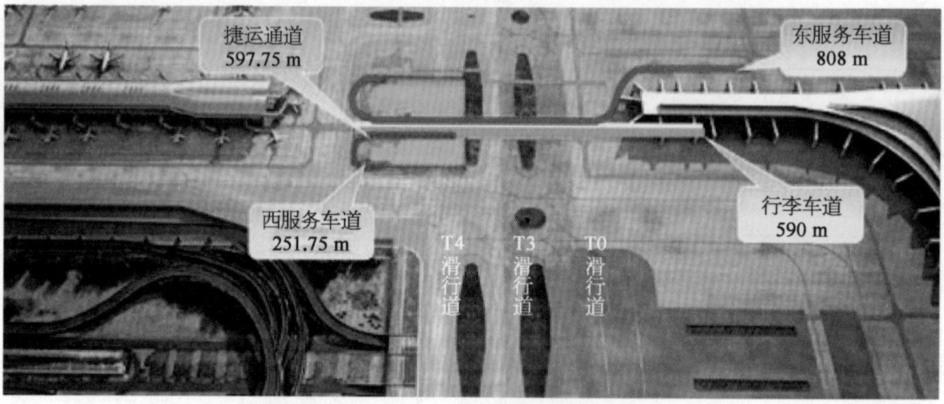

图 6-2　T2—S2 工程地理位置示意图

6.1.2　禁区施工的难点和技术措施

根据机场指挥部要求，下穿通道工程分为三阶段组织施工，其中第一、二阶段地道工程部分区域位于滑行道安全距离重叠区域，须采用禁区夜间停航后施工。根据机场指挥部提供的信息，本工程禁区内夜间停航施工区域每晚可施工时间约 6.5 h。考虑到机械设备及人员的进出场，实际施工时间仅约 5 h。因此，常规的工艺难以在如此短的时间内完成施工，禁区内每一道施工工序都需要合理安排施工作业时间以及采用快速有效的施工工艺，必要时采取合理有效的保障措施。另外，禁区内施工要严格遵守机场禁区施工要求，每天退场前不得遗留建筑垃圾、影响正常飞行。

6.1.2.1 禁区内施工组织难度大

第一阶段禁区位于 T3 滑行道以南区域，面积约 27.5 m×31.5 m。根据浦东机场飞行区滑行道运行要求，距离 T3 联络道中心线 57.5 m 内为禁区，在飞机正常滑跑期间严禁任何人员、车辆、机具等翻越 57.5 m 的警戒线。禁区施工必须在夜间进行，夜间施工时间为 0:00—6:30，该时间段内要进行人材机及进场的准备工作、各工序施工、人材机撤离及清场工作、适航检查验收及交接工作。

在进行禁区施工前做好策划工作，保证禁区施工安全进行。首先需要将禁区进行围挡，禁区临时围挡采用可移动式围挡体系，在滑行道停航后设置，滑行道恢复运行前撤除。禁区施工部署总体平面位置示意图如图 6-3 所示。

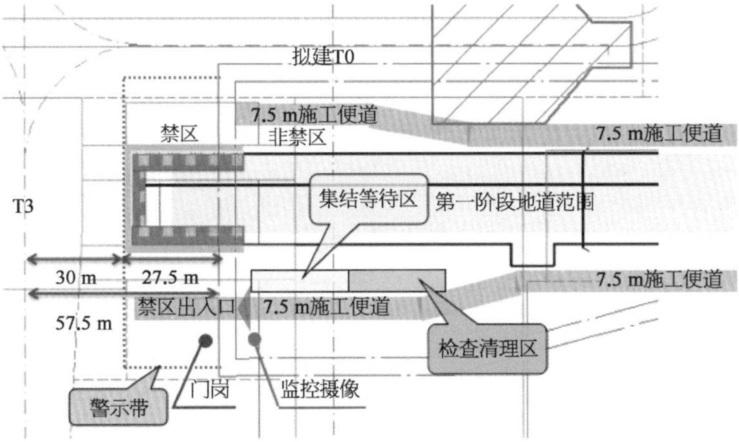

图 6-3 禁区施工部署总体平面位置示意图

施工期间，设置集结区、等待区，供施工人员、车辆及机械在进场前提前到达现场，并集中等待机场部门证件检查；检查完毕，待航班结束前集中等待指令进入 27.5 m 禁区内施工，然后发放禁区通行证由专开的安检通道进入禁区等待区，统一在机场公司监管人员带领下进入施工区域，出场反之。进入禁区施工流程示意图如图 6-4 所示。

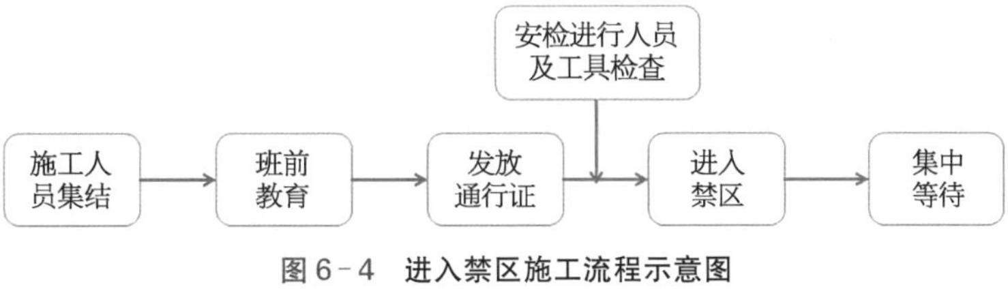

图 6-4 进入禁区施工流程示意图

6.1.2.2 禁区内施工技术保障措施

禁区内基坑相对于其他基坑的施工，存在的最大问题在于施工时间短，只能在每天凌晨 0:00—6:30 进行施工,并且是一种间歇性的深基坑施工方式。另外在施工过程中管理难度要求高,不能破坏白天的适航环境。所以需要施工方通过对施工管理的合理协调、资源的合理分配、工艺的选择、技术措施的创新来解决禁区施工所遇到的难题。基于禁区基坑施工难题,采取了以下主要施工技术措施。

1) 禁区内外界面增设临时分隔墙,分坑施工

根据围护设计院对该部分基坑的设计,以禁区内外界面为分界线,禁区内周边为滑行道。为了减少对滑行道的影响,其围护设计形式为钻孔灌注桩加三轴搅拌桩,禁区以外的围护结构形式则是 SMW 工法桩。

为了满足进度上的要求以及鉴于机场禁区施工的特殊性,禁区外的基坑施工受到的限制因素较少、施工进度较快,禁区内受到客机运营的限制,施工进度较慢,所以可以看出禁区内外基坑施工存在不协调性,施工进度快的基坑势必对施工进度慢的基坑有一定的影响。按照设计挖土的土坡留设较大,势必会对相邻结构分段的施工有一定影响,并且基坑未封闭无法及时进行降水工作。为了保证第一阶段的进度能够满足节点要求以及减少基坑之间的影响,经与设计单位进行协商分析,建议在禁区内外分界处增设一道临时 SMW 工法桩分隔墙。通过分隔墙将禁区内外分为两个基坑,基坑施工互不影响,禁区外可以不考虑禁区内基坑,提高了禁区外的施工速度,禁区内的土方作业及垫层施工完毕后拔除分隔墙的型钢,正常进行通道结构施工。禁区内与禁区外分隔施工示意图如图 6-5 所示。

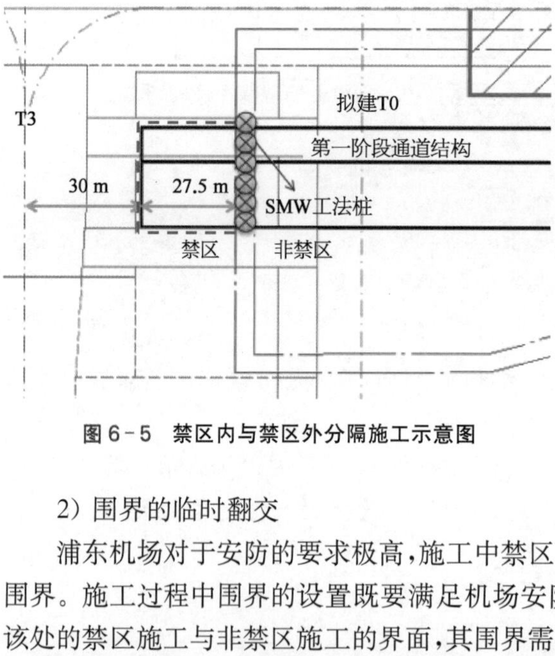

图 6-5　禁区内与禁区外分隔施工示意图

2) 围界的临时翻交

浦东机场对于安防的要求极高,施工中禁区与非禁区的界面处必须设置双重围界。施工过程中围界的设置既要满足机场安防的需要,又要满足施工的进行。该处的禁区施工与非禁区施工的界面,其围界需要进行临时翻交。如何进行禁区内外界面处基坑的围界翻交是施工方需要考虑的难题。

经过与建设单位、机场安检单位的协商,制定了禁区与非禁区基坑施工围界翻交方案。首先进行围界南侧(非禁区)7 m 范围内桩基围护、支撑梁的施工,施工完毕后将围界向南平移 7 m 至支撑混凝土梁上,然后进行禁区桩基围护及支撑梁的施工,待禁区与非禁区界面处支撑梁及围护施工完毕,最后将围界翻交回原位置,恢复围界。这样既加快了围界处基坑工程的施工进度,又保证了双层围界的安防要求。禁区内与禁区外围界翻交示意图如图 6-6 所示,禁区内与禁区外双层围界示意图如图 6-7 所示。

3) 禁区汽车式钻孔灌注桩机的运用

禁区基坑的施工只能在夜间航班停航后进行，加上施工准备以及机械撤场不足 6 h，所以禁区施工必须分秒必争，在有限的时间内选择适合的施工机械、工艺，加快施工效率。对于禁区内的围护施工，一般钻孔灌注桩机选择的是水井钻机，这种钻机的泥浆系统为正循环，泥浆置换靠的是水压力的置换，并且钻机的进出必须借助吊机，成孔速度较慢。一般30 m的钻孔灌注桩从下钻杆到清孔结束约需要 2.5 h，加上前期的桩基定位、钢筋笼下放以及混凝土的浇筑，一晚上也只能施工一根围护灌注桩。这样的施工速度不满足禁区施工的要求，并且严重拖后了整个工程的工期。

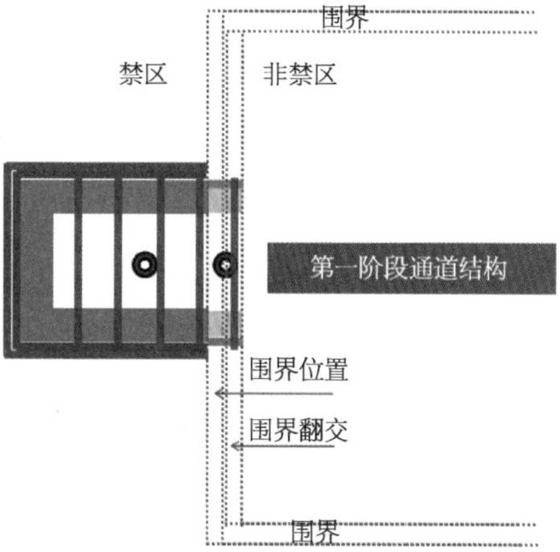

图 6－6　禁区内与禁区外围界翻交示意图

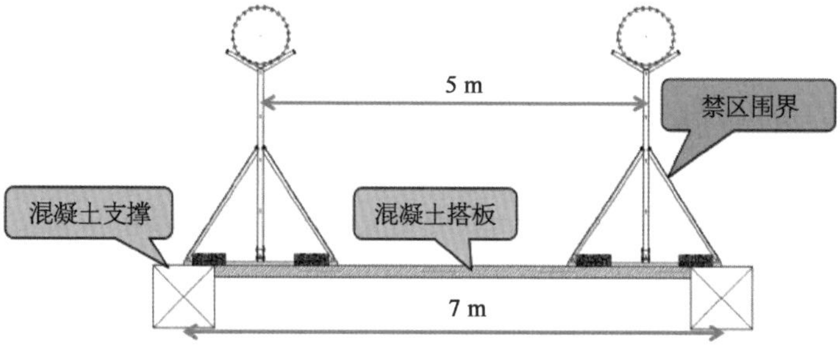

图 6－7　禁区内与禁区外双层围界示意图

为了能够满足禁区施工要求以及第一阶段进度的要求，借鉴类似工程项目施工经验，提出了运用汽车式钻孔灌注桩机（FXZ－250 型）进行禁区围护桩基的施工，这项技术在北方区域以及桥梁工程上被广泛应用，已有了成熟的施工工艺。汽车式钻孔灌注桩机泥浆系统采用的是反循环系统，桩基设备与卡车为一个整体，可以自由运转与移动，一般 30 m 的桩基从下钻到清孔结束只需要 1.5 h，采用这种桩机每晚可以施工两根钻孔灌桩。另外由于在禁区施工存在很多的不确定性，一旦禁区施工过程中遇到紧急航班以及二类天气等意外情况、需要及时撤离时，这种机械可以快速撤场，减小对机场运营的影响。禁区内汽车式钻孔灌注桩机施工顺序如图 6－8 所示。

4) 架设密目网保障航班运营、增加施工作业面

夜间进行禁区基坑开挖过程中土体受到扰动，大量的松散颗粒物存在于基坑内及周边。松散颗粒物的存在对于白天滑行道正常使用有极大的安全隐患，有可能被运行的客机卷入或吸入机尾。因此，松散颗粒物对飞机发动机正常运转会产

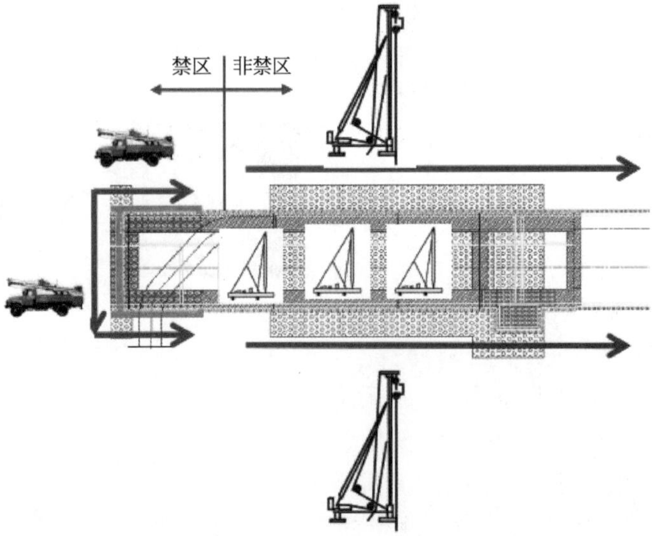

图6-8　禁区内汽车式钻孔灌注桩机施工顺序示意图

生不利影响,必须采取有效措施对基坑进行遮盖。由于禁区只能在夜间航班停航的几个小时进行施工,进度较慢,因此在基坑被遮盖的情况下,可以创造一定的条件进行施工,加快施工进度。

考虑到白天飞机在邻近基坑的滑行道上运行时对周边环境有一定的吸力,因此基坑遮盖物要满足一定的抗风要求,能够满足飞机运行时不被破坏。经过验算,采用"挑网+安全网+钢丝绳"组合的方式作为基坑遮盖物(图6-9)。该组合利用密目安全网空隙小的优点,能够有效控制松散颗粒物因气流扰动而浮起,同时利用了钢丝绳自身的抗拉强度,确保了该组合体系在平面外的抗风强度,有效确保了滑行道正常使用期间飞机的安全运营。在航班通行后,施工人员及机械可以在遮盖物的基坑内进行相应的工作。

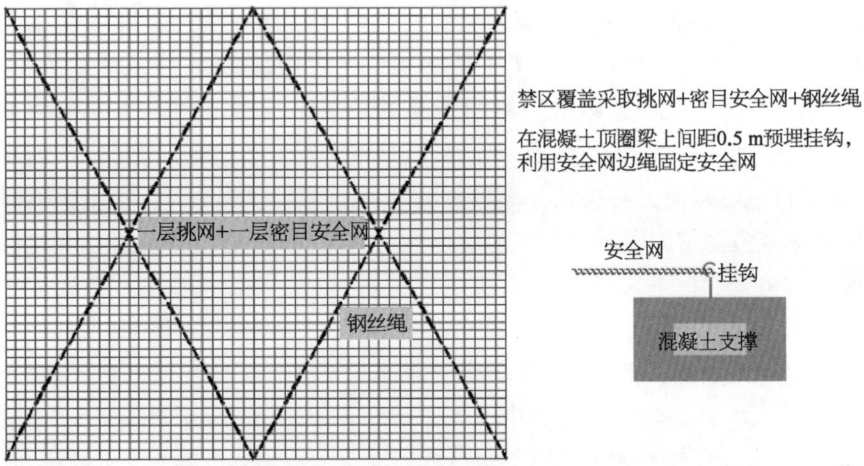

图6-9　"挑网+安全网+钢丝绳"组合基坑遮盖物示意图

5）自动化监测基坑变形技术

禁区基坑工程是一种间歇式深基坑施工，只能夜间停航后进行短暂的施工，因此基坑暴露时间较长；另外，禁区白天滑行道正常使用，无法直接进行基坑数据的测量采集。因此必须采取有效的方法对基坑施工造成的滑行道变形、坑外水位、支撑轴力进行监测，保证飞机运行安全和基坑施工的安全。

经过前期策划及监测方法的选择，决定在飞行区滑行道禁区施工区域采用自动化监测基坑周边变形技术。自动化监测技术可以实现自动监测、实时监测，及时反馈监测数据，用以指导滑行道的保护工作及基坑安全施工工作。通过采用自动化监测技术，来监测围护结构侧向位移变形、坑外滑行道潜水水位监测、基坑支撑轴力监测和邻近基坑滑行道地表沉降变形观测。自动化基坑监测技术布设点位如图 6－10 所示。

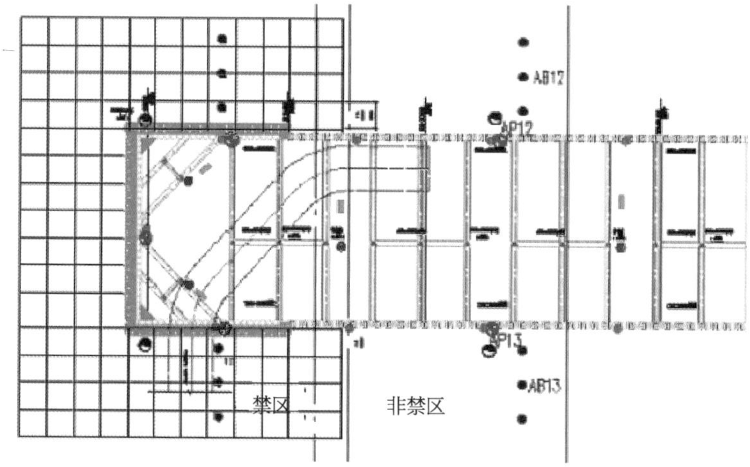

图 6－10　自动化基坑监测技术布设点位示意图

6.1.3　不停航施工总体部署及分阶段策划

1）基于不停航施工垂直滑行道面基坑施工总体部署的探讨

下穿通道与营运滑行道平面位置相垂直，从其下面横穿通过。浦东机场每年客流量巨大，停航施工对于机场影响重大，无论从外围环境还是机场内部环境，都不能允许下穿通道停航条件下的施工。根据浦东机场运营要求，下穿通道施工过程中必须保证垂直于通道的两条联络滑行道正常通行，确保东西向飞行区域客机畅通运行。目前运行的两条东西向联络滑行道为 F 类的 T3、T4 滑行道，安全距离为 57.5 m，两条滑行道南北长度约 214 m。下穿通道施工采用明挖法施工，在机场不停航运行要求下对于滑行道区域的施工策划难度大。新建 E 类滑行道及下穿通道分段施工部署如下：鉴于机场运营至少保证两条东西向联络滑行道的正常运行，以及满足下穿通道滑行区域暂停一条滑行道施工的要求，机场方面研究决定，新建一条 E 类、安全距离为 47.5 m 的 T0 滑行道并启用，以满足施工过程中机场运行两条滑行道通行的要求。

根据浦东机场滑行道通航规定，F、E 类滑行道之间安全距离为 16 m、14 m，因此，下穿通道工程在滑行道内施工时分别有 16 m、14 m 区域为不停航禁区施工，禁区内涉及客机的安全运行距离，需要夜间停航后进行施工作业。根据机场方面要求，夜间停航施工时间为 6 h，在这一时间内需要做到进场及撤离，同时保证撤离后禁区施工区域的覆盖工作符合不停航要求，避免干扰白天客机正常运行。滑行道与 T1—S1 下穿通道平面示意图如图 6 - 11 所示。

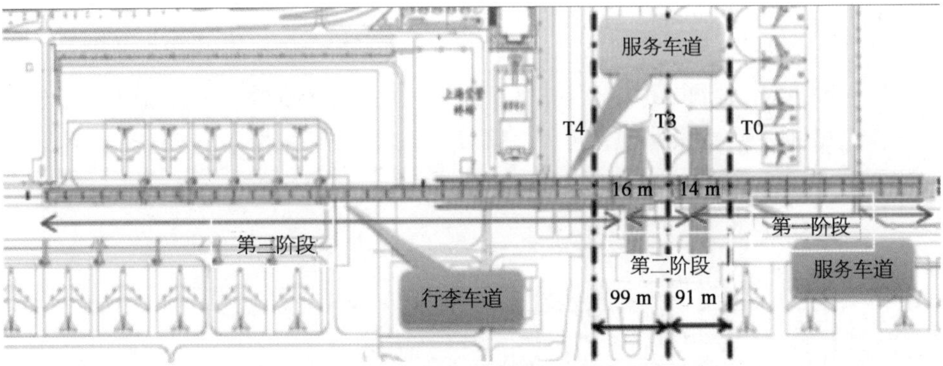

图 6 - 11　滑行道与 T1—S1 下穿通道平面示意图(一)

T2—S2 下穿通道有 27.5 m 范围为不停航禁区施工，禁区内涉及客机的安全运行距离，需要夜间停航后进行施工作业。滑行道与 T2—S2 下穿通道平面示意图如图 6 - 12 所示。

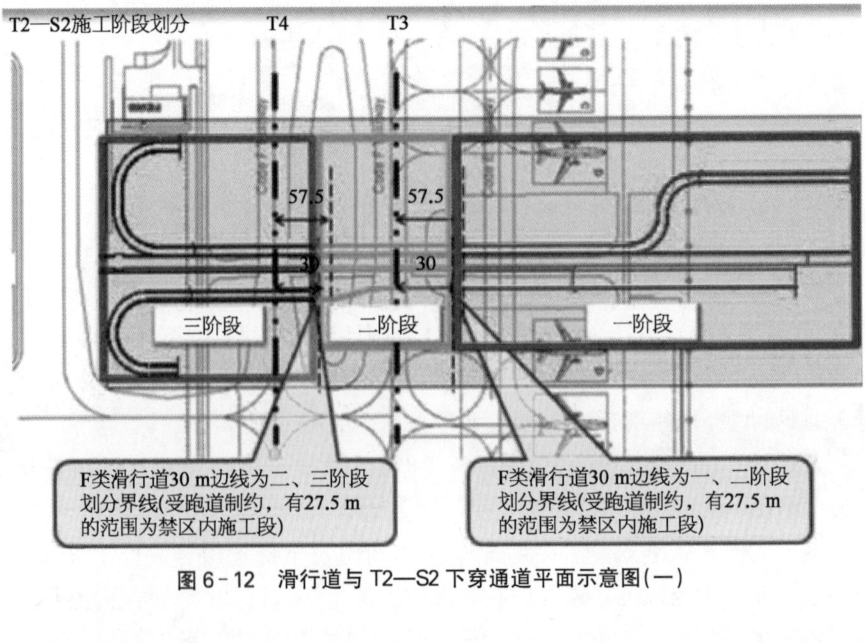

图 6 - 12　滑行道与 T2—S2 下穿通道平面示意图(一)

鉴于滑行道禁区施工难度大，并且有效施工时间短，经过整体策划将整个 T1—S1 下穿通道工程分为三个阶段，其中第一阶段及第二阶段涉及禁区施工。

考虑到现场管线搬迁、基坑安全施工等，将每个阶段进行分段编号，分阶段如图 6－13 所示。

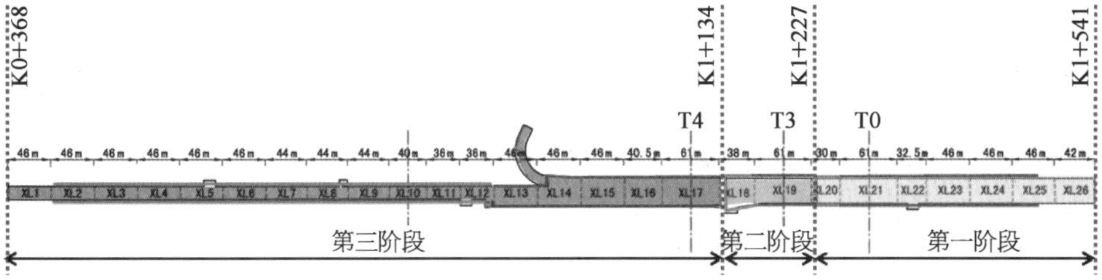

图 6－13 滑行道与 T1—S1 下穿通道平面示意图(二)

与 T1—S1 下穿通道工程类似，T2—S2 下穿通道工程也分为三个阶段施工，其中第一阶段和第二阶段涉及禁区施工。分阶段如图 6－14 所示。

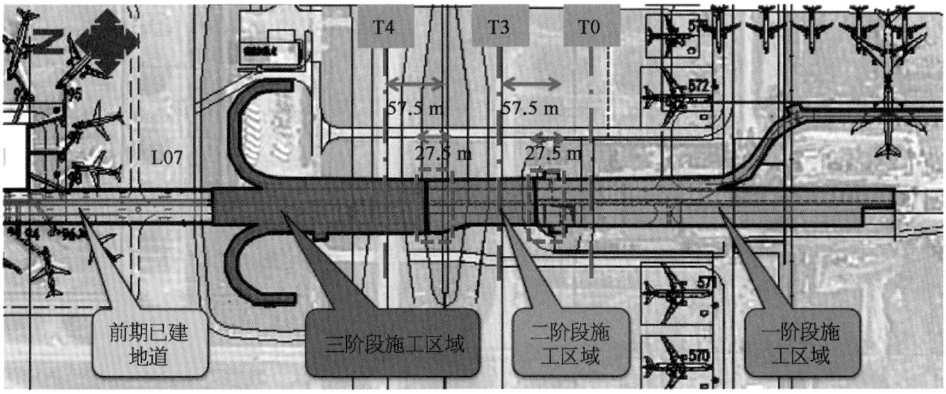

图 6－14 滑行道与 T2—S2 下穿通道平面示意图(二)

2）邻近改扩建工程现状下的下穿通道基坑开挖顺序部署要求

目前，浦东机场处于三期扩建阶段，为了能够满足机场整体运营的要求，各工程处于同步施工的过程，这就不可避免地造成了各工程施工的相互影响。拟建 S1 距离下穿通道南端围护结构约 2.5 m，根据卫星厅工期要求，其桩基工程预计在通道施工南端敞开段时进行施工。地道敞开段围护结构采用了 SMW 工法桩、旋喷桩重力坝围护、放坡开挖等围护形式，卫星厅桩基工程采用打入桩，将直接影响下穿通道围护体系的稳定性和安全性。经过整体策划，决定卫星厅桩基工程施工完毕后再进行南端敞开段的围护结构施工。

T1—S1 下穿通道北端 T1 小机坪登机桥固定端改造与通道存在交叉施工现象。为了保证机场的正常运营，登机桥固定端的改造是在 T1 不停航状态下进行的，这为该区域下穿通道、登机桥施工加大了难度，必须在施工的同时不能影响航站楼的运行。由于登机桥固定端的改造受到地道结构施工的制约，必须待影响区域地道结构施工完毕后再进行改造的施工，施工前做好策划工作，保证施工顺利安全地进行。下穿通道与登机桥、S1 位置如图 6-15 所示。

图 6-15　下穿通道与登机桥、S1 位置示意图

3）下穿通道基坑开挖顺序总体部署

下穿通道工程作为浦东机场三期改扩建工程的一部分，在进行施工部署及施工工序的安排时要考虑多方因素，不能影响其他工程的施工。机场指挥部在整个工程的实施顺序等诸多方面进行了多方面的考虑，同时在不违背大原则前提下给予了总承包单位较多的空间，使其丰富的施工部署、工序安排经验能够充分发挥，为机场的建设发挥自身力量。

经过全面分析可知，与 T1—S1 下穿通道施工相互影响的工程主要有邻近的捷运盾构隧道工程、通道南端的 S1 新建工程和北端的 T1 固定端改造工程，施工过程中要考虑各工程间施工先后顺序关系。下穿通道南北方向横穿运营中的 T3、T4 滑行道，为了满足机场提出的要保证两条滑行道运行的要求，在 T3 滑行道的南端增建一条 T0 滑行道来满足至少两条滑行道的运行要求。同时在进行施工部署时也考虑了指挥部对下穿通道工期提出的要求。基于以上各方面的原因，制定了下穿通道总体的施工顺序。

施工顺序为：一阶段施工区域→二阶段 T3 滑行道区域、三阶段塔台区域（除 XL-24 段）→盾构全线掘进施工→三阶段 T1 小机坪区域、三阶段 T4 滑行道区域、XL-24 段。T1—S1 下穿通道工程总体施工顺序布置如图 6-16 所示。

T2—S2 下穿通道工程按照上述分为三个阶段顺序进行施工，即从一阶段施工区域→二阶段 T3 滑行道区域→三阶段 T4 滑行道区域。

6.1.4　现场施工道路布置分阶段策划

浦东机场安全运营制度严格，施工前需要办理一系列施工通行手续，并且在施工过程中机械及人员的进出严格按照机场安检制度办理临时通行证。由于要保证机场不停航运营，涉及 T3、T4 滑行跑道禁区的施工地面道路无法通行，在保

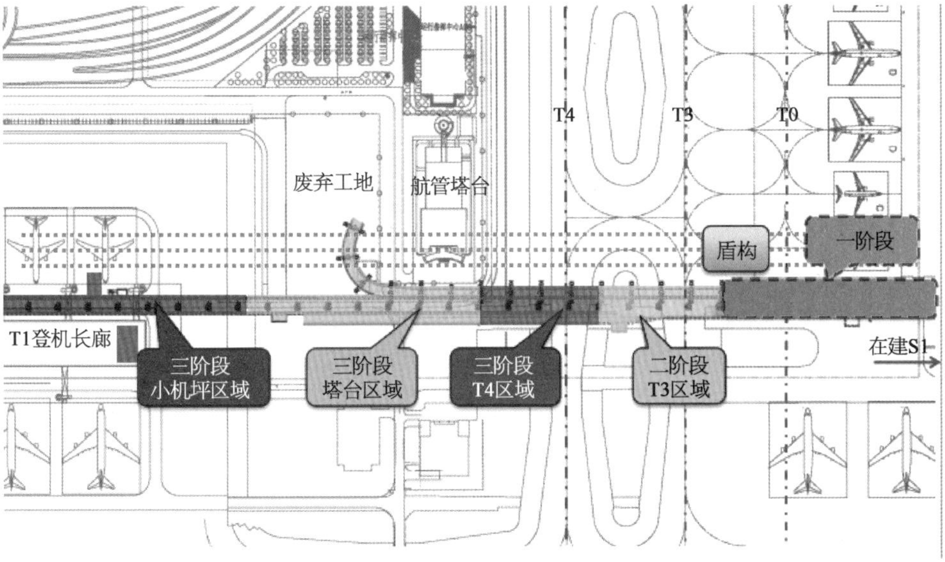

图 6-16　T1—S1 下穿通道总体施工顺序布置图

证飞行区客机安全运行的情况下，禁区施工道路的选择难度大。施工过程中大型机械的使用对施工道路强度要求高，对于邻近已完成盾构隧道旁的下穿通道基坑施工，大型机械不能在盾构隧道上方进行土方开挖作业，其施工道路的选择受到一定程度的限制。

6.1.4.1　浦东机场安全运营管理制度对施工道路选择的影响

1）浦东机场安全运营不停航施工要求

下穿通道施工过程中要进行必要的管线搬迁及保护，要求对电缆、管线应该设置醒目标志，施工过程中避免对电缆及管线的破坏。在施工期间必须对导航设施临界区、敏感区的场地进行保护。在航空器运行时，任何车辆、人员不得进入临界区、敏感区。不能使用可能对导航设施、通信设施产生干扰的电气设备。

2）下穿通道施工安检、禁区施工进出审批制度

下穿通道横穿飞行区域，施工过程中对不停航客机干扰性较大，必须严格按照机场制度进行施工。进入飞行区从事施工作业的人员，应当经过严格培训并申办通行证以及车辆通行证。人员及车辆进出飞行区出入口时，应当接受检查。飞行区施工临时设置的大门应当符合安全保卫的有关规定。

本工程第一、二阶段涉及禁区施工，施工前要进行临时施工道路的规划及方案的编制，并经过机场指挥部的审批，在机场指挥部的配合下实施。施工人员和车辆应当严格按照施工组织管理方案中规定的时间及路线进出施工区域。因临时进出施工区域，驾驶员没有经过培训的车辆，应当有持有场内车驾驶证的机场管理机构人员全程引领。按照中国民用航空总局签署的《民用机场运行安全管理规定》，进入飞行区的施工车辆顶部应当设置黄色旋转灯标，并应处于开启状态。

本工程一标段第三阶段位于塔台区域，施工过程中施工机械及其他施工用具

的停放区域和堆料场的设置不得阻挡机场管理塔台对滑行道、跑道及机坪的观察实现，同时也不能遮挡任何使用中的助航灯光、标记牌，并且不得超过净空限制面。

本工程一标段在进行 T1 登机桥固定端改造施工和二标段在进行 T2 下附属用房施工时，航站楼处于运行状态，按规定改造区域与航站楼运行区域设置围挡。在进行该区域改造施工时由于涉及管线的连接，需要禁区航站楼里面进行相应作业，根据机场规定进出运营中的航站楼需要提前申请，得到机场有关部门的批准并且按照相应要求，方可进入施工。

3）土方运输进出管卡制度

浦东机场作为重要的交通枢纽，每天有大量的车辆进出。为了保证浦东机场三期改扩建工程的顺利实施以及机场的正常运营，对其交通道路做了相应的调整。为了将社会车辆与施工车辆有效区分、保证交通安全，在路口设立关卡，划分不同车辆进出口，土方车、混凝土橄榄车要持有建设单位颁发的进出车辆通行证。通过这一有效措施保证了交通的顺畅及安全，同时提高了土方车运输的高效性。

6.1.4.2　下穿通道施工道路部署分析

1）T1—S1 下穿通道一、三阶段施工道路选择分析

根据总体施工部署，下穿通道一标段从南侧一阶段进行施工。临时施工大门设置在施工区域南端，进场道路为飞翱路→S1 施工便道→一阶段施工现场。具体路线如图 6－17 所示。

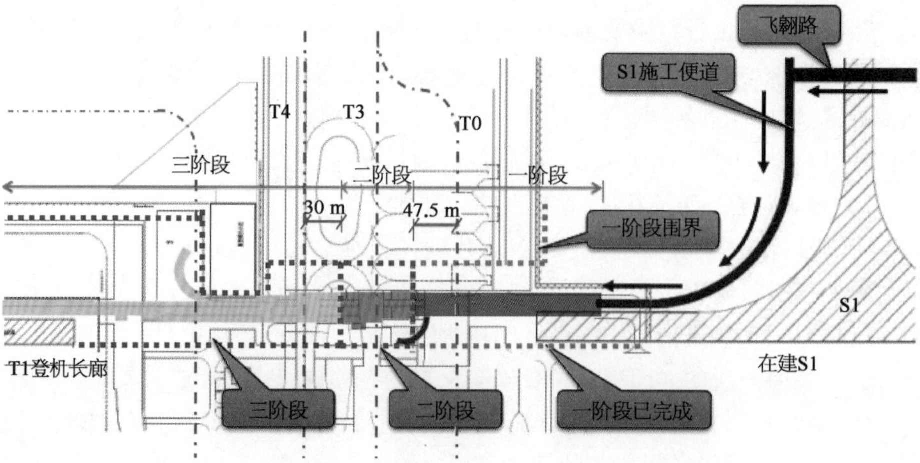

图 6－17　T1—S1 第一阶段基坑工程施工路线示意图

根据机场不停航施工要求，进行一阶段施工时需要利用围栏设置双层围界，保证施工现场与机场营运区域严格划分。施工期间的施工车辆进出浦东机场，将向机场公安分局办理车辆通行证件，并严格按规定的路线行走，自觉遵守交通法

规。所有施工车辆及施工机械将听从业主的安排。

一阶段施工区域 XL-12 段属于禁区施工，根据机场指挥部要求，该段施工只能在夜间进行。在 XL-11 段西侧设置从非禁区进入禁区施工的临时道路，进入禁区的机械及人员一律在此等候，接受机场的安检，夜间停航后进入禁区施工。在进入禁区的非禁区位置设置门岗和专人把守，并且设置监控摄像，保证机场不停航施工安全进行。

三阶段的施工区域包括 T4 滑行道、塔台区域、T1 小机坪及登机桥固定端的改造工程。其中，塔台区域除了 XL-24 段还没有施工，其余部分在盾构推进前已经施工完毕。

三阶段在施工范围东侧设置临时大门，进场道路为 T1 楼前道路→T1 南侧市政道路；出场道路为 T1 南侧市政道路→南进场路。三阶段登机桥改造工程有部分管线的连接需要进入航站楼进行施工，其余部分不涉及禁区施工。在三阶段施工前东侧的捷运盾构隧道已经推进完毕，但是其周边土体的扰动未完全消失，大型车辆不得从盾构上方通行。因此三阶段的施工道路通行时要格外注意其与捷运隧道的位置，在隧道上方设置明显禁止通行标志，用以保护隧道的安全。施工线路如图 6-18 所示。

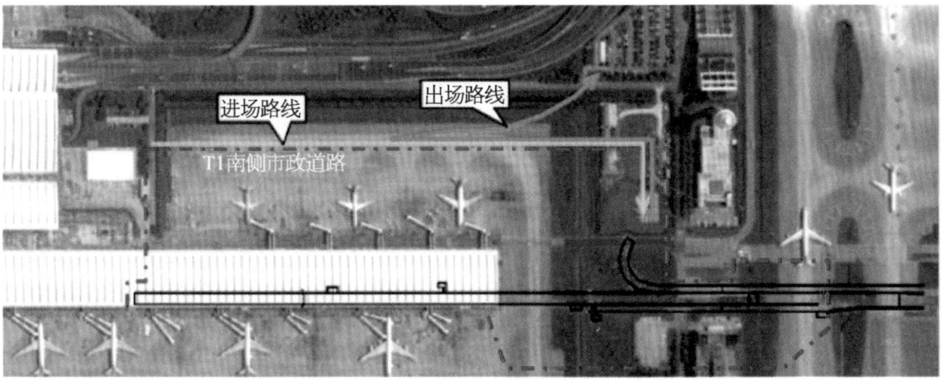

图 6-18　T1—S1 第三阶段基坑工程施工路线示意图

三阶段区域 XL-17～21、XL-24 段与盾构隧道相距 4.6 m，根据要求盾构上方禁止土方车的通行。因此，该部分基坑工程的施工临时道路只能设置在基坑西侧，土方车垂直通过盾构隧道上方部位时，该部位处临时施工道路须设置钢板，满足要求后方可允许施工机械的通行。

2) T1～S1 下穿通道二阶段不停航施工状态下禁区内施工道路部署分析

二阶段施工区域位于 T4 滑行道中心线以南 30 m 与 T0 滑行道中心线以北 47.5 m 之间，此区域为机坪，常规情况下在围界封闭后，无法进入施工现场，在空间上被左右滑行道隔开，属于典型的孤岛施工。根据机场指挥部要求，下穿通道的施工不能影响机场的正常运营，因此下穿通道要在不停航施工状态下进行施工。二阶段施工区域划分如图 6-19 所示。

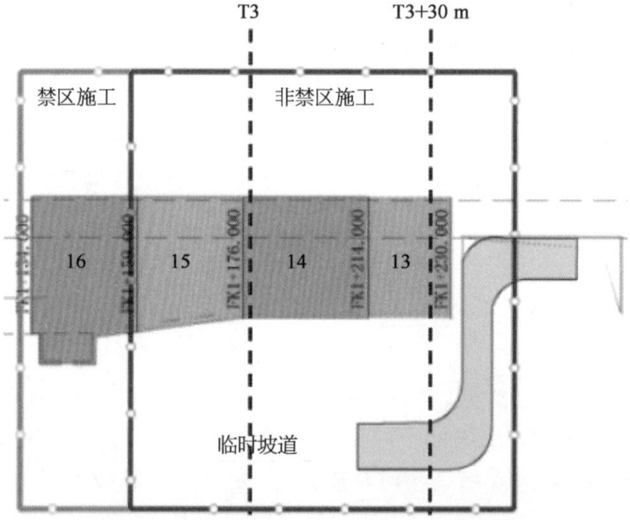

图 6-19　第二阶段基坑工程施工区域划分

考虑到机场不停航的施工要求，二阶段施工机械及人员无法从地面上横穿滑行区进入场地施工。因此，该阶段施工时，只能从已建地道设置一条通向该阶段施工区域的临时坡道。根据策划，现采取在已完成的一阶段 XL-12 段行李车道侧墙开洞，在地道外侧做一条临时坡道，施工车辆与人员通过一阶段行李车道和此条坡道进入二阶段施工现场。临时坡道前面的道路仍然选择一阶段施工时的道路：飞翱路→S1 施工便道→一阶段下穿通道→临时坡道→二阶段施工现场。第二阶段基坑工程施工路线示意图如图 6-20 所示。

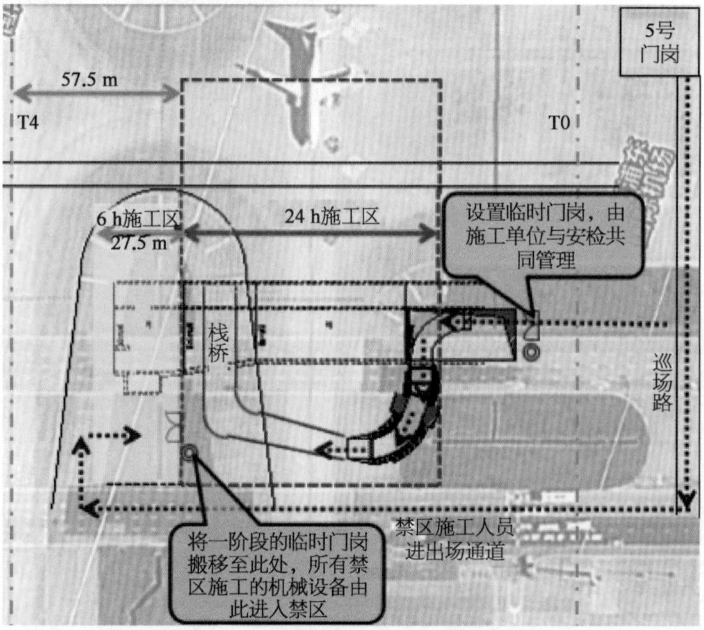

图 6-20　第二阶段基坑工程施工路线示意图

临时坡道通车后，在坡道入口处设置一个临时门岗，由施工单位和安检共同管理。二阶段非禁区施工区域的施工人员、车辆以及机械设备，均通过临时坡道进入。禁区的施工需要在夜间航班停航后进行，夜间施工时间为 0:00—6:30，该施工区域的施工人员通过 5 号门岗进入。禁区施工区域的车辆和机械设备，白天停放在围界内，夜间施工时通过临时门岗进入。该临时门岗由第一阶段搬移到第二阶段。无法在临时通道内行驶的少数大型机械设备，须通过 5 号门岗进入。该施工区域采用单层围界，并设置红外摄像头。第二阶段基坑工程施工路线 BIM 模型示意图如图 6－21 所示。

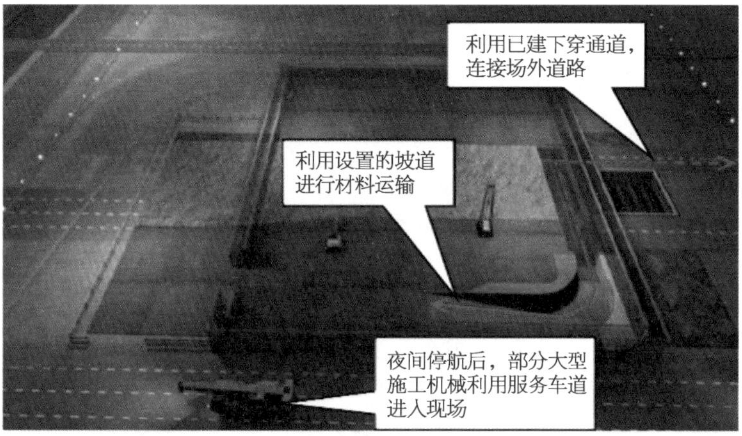
利用已建下穿通道，
连接场外道路
利用设置的坡道
进行材料运输
夜间停航后，部分大型
施工机械利用服务车道
进入现场

图 6－21　第二阶段基坑工程施工路线 BIM 模型示意图

考虑到二阶段的孤岛施工，需要从一阶段 XL－12 段引出一条临时坡道来满足二阶段施工要求。施工坡道要满足大型机械进出要求，因此坡道转弯半径、净高等参数要根据施工最大机械的规格进行设计。坡道地面承载力要根据运输材料及机械的重量进行设计配筋，对于临时性设施可以采取其他的有效措施来降低投入的费用。从一阶段洞口到二阶段施工区域地表要进行起坡点、水平弧度的设置，设计时可以建立施工模型来模拟具体的行车路线情况。

临时坡道预留洞口位于一阶段地道 XL－12 段西侧墙，洞口尺寸净宽 6.5 m，净高不小于 4.2 m。考虑到临时坡道位于目前一阶段的禁区内，故施工临时坡道的结构形式设计为 U 形槽钢筋混凝土结构。底板坡度为 12.5%，底板厚度 700/400 mm，侧墙厚度 600/300 mm。结构的混凝土强度等级 C35P8，素混凝土垫层厚度 150 mm，强度等级为 C20。地道内坡道道砟填实，面层 400 厚 C25 混凝土，配筋 C14@150 双层双向。施工车辆与人员通过一阶段行李车道和此条坡道进入二阶段施工现场；待二阶段施工完毕后，回填坡道，恢复原状。第一阶段预留临时坡道平面图如图 6－22 所示。

本工程临时坡道挖深 0～6.0 m，坡道净宽 7.1 m，围护采用拉森钢板桩结合放坡开挖的形式，支撑采用 $\phi609$ 钢支撑。

挖深 3.2～6.0 m 围护采用 12 m 长Ⅳ小齿口拉森钢板桩，在坡道底板、侧墙施

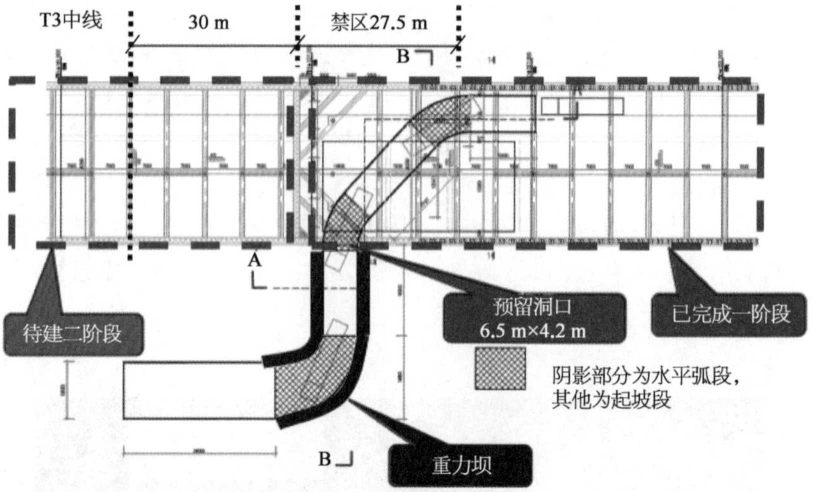

图 6-22　第一阶段施工预留临时坡道平面图

工完毕后拔除钢板桩；挖深 0～3.2 m 采用 1∶1.5 放坡开挖，坡面喷混凝土 C20 护壁，挂 ϕ8@200 钢筋网片。

支撑采用 1～2 道 ϕ609、$t=16$ 钢支撑，钢围檩采用双拼型钢 H600×300，为 Q235 级钢。钢板桩与原围护桩阴角两侧各设置 3ϕ1 000 高压旋喷止水桩，桩底标高 −7.200 m。原通道西北角 2 根混凝土角撑和北侧、西侧混凝土圈梁保留，在坡道使用完毕后拆除。拉森钢板桩与放坡开挖段之间设置 3 排 ϕ800@600 高压旋喷重力坝。第二阶段临时坡道施工技术措施如图 6-23 所示。

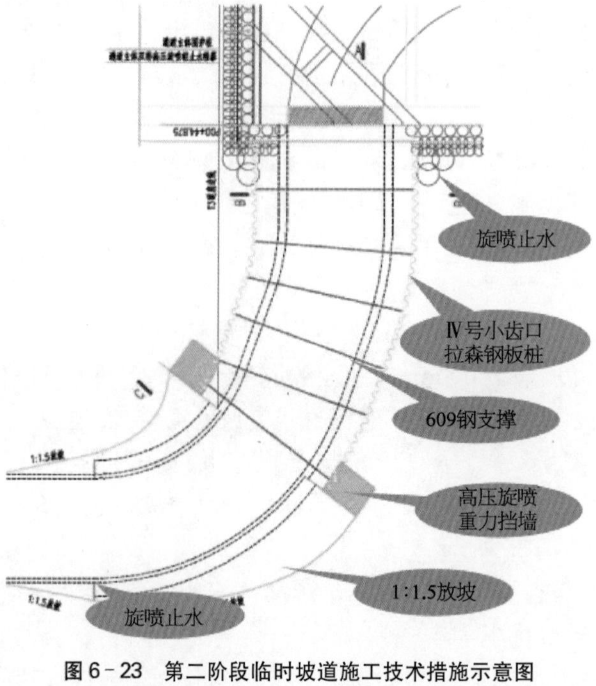

图 6-23　第二阶段临时坡道施工技术措施示意图

通过施工一条临时坡道，既满足了二阶段孤岛施工的要求，又满足了两条滑行道运行的要求，使得下穿通道禁区施工可以在不停航施工的状态下顺利开展。为了保证二阶段施工过程中滑行道的运行不受机械、人员等因素的影响，通过设置双层围界来隔离施工区域与运行的滑行道。二阶段禁区夜间施工时严格执行机场安检制度，机械撤场时按照方案以及滑行道运行要求，对场地进行清理，不留隐患。

3）T2—S2 下穿通道工程下穿通道一、二、三阶段施工道路选择分析

与一标段类似，下穿通道二标段也从南侧进行一阶段施工。临时施工大门设置在施工区域南端，进场道路为飞翱路→S2 施工便道→一阶段施工现场。详见图 6－24。

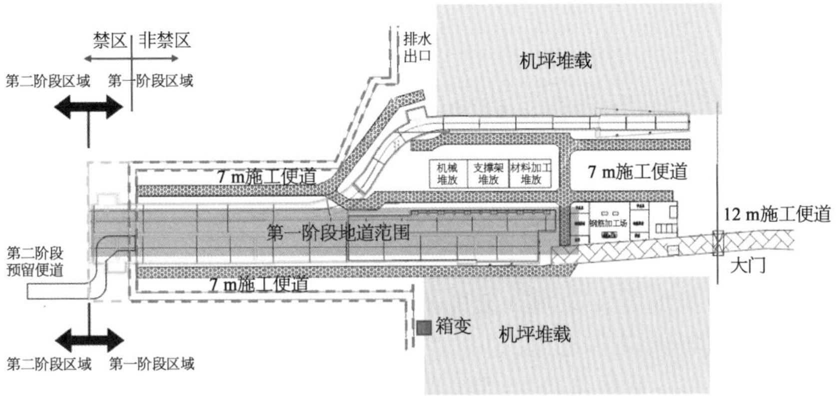

图 6－24 T2—S2 第一阶段基坑工程施工路线示意图

围界设置与车辆管理与一标段相同，详见上述。

考虑到机场不停航的施工要求，下穿通道二标段二、三阶段施工机械及人员都无法从地面上横穿滑行区进入场地施工。因此，二、三阶段只能从地下施工一条通向二、三阶段施工区域的临时通道。采取在一、二阶段分别预留一条临时坡道作为二、三阶段的施工通道。坡道设置形式与一标段相同。二阶段进出场路线详见图 6－25，三阶段进出场路线详见图 6－26。

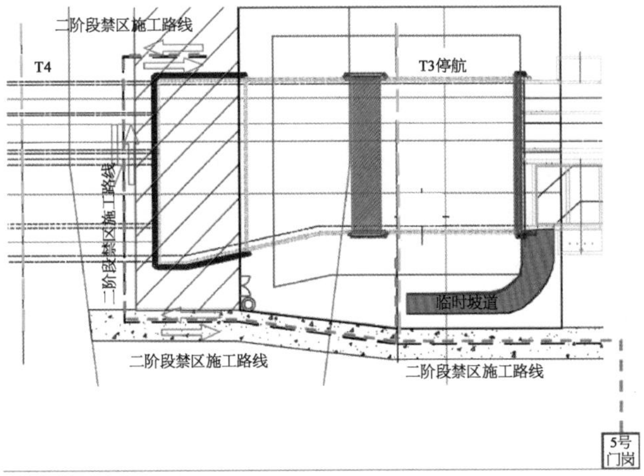

图 6－25 T2—S2 二阶段进出场路线示意图

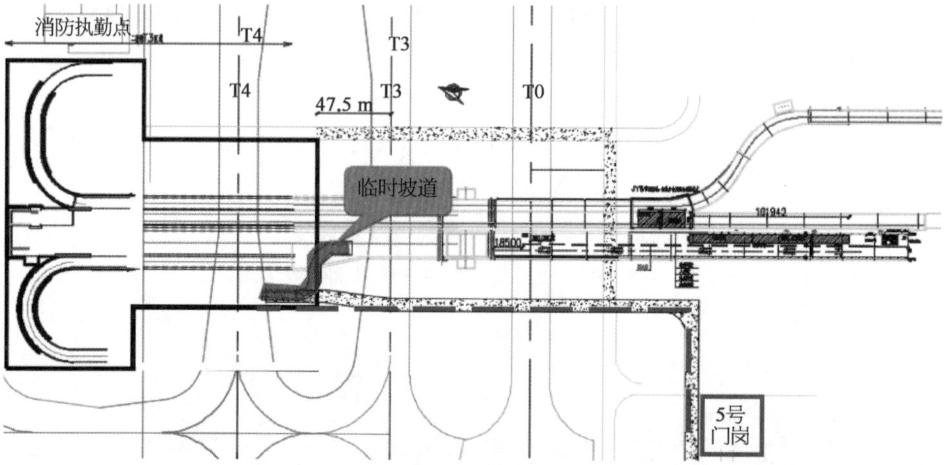

图 6-26　T2—S2 三阶段进出场路线示意图

二阶段施工时，在临时坡道形成前，所有施工人员、机械、车辆都从 5 号门岗进出。等到临时坡道形成后，除了只能从 5 号门岗出入的设备、车辆外，所有人员和其余车辆、设备从临时坡道进入。

考虑到三阶段工程体量较大，为方便施工、加快进度，将三阶段区域的围界由原来的单层改为双层，三阶段施工区域由空侧变为陆侧，因此第三阶段待临时坡道形成后全部为非禁区施工，除了无法从临时坡道进入的大型车辆设备以外，其余全从临时坡道进出。

6.2　飞行区场道工程不停航施工管理

飞行区不停航施工作为民航机场在特殊情况下边运行边施工，具有组织难度大、风险高、要求严等特性，需要较高管理组织水平的建设方式。从 20 世纪 90 年代初的初步探索，到 20 纪末颁布民航总局 97 号令后的有据可依，以及到后来颁布民航总局 191 号令后的逐步规范，其相关管理规范、标准经历了从无到有、逐步规范完善的过程。

上海机场工程建设管理者不畏艰险，迎难而上，充分借鉴以往管理经验，不断研究优化施工组织方案，在现有规范标准基础上实现了创新和突破。

6.2.1　5 号机坪改造工程概况

随着上海航空枢纽的建设，机场的航空业务量持续增长，以浦东机场为基地的航空公司机队规模不断增加，机场的运行压力越来越大，对浦东机场现有的硬件设施提出了新的要求。根据机场使用部门分析评估，机场启动了南航站区总体方案的研究，并在总体方案研究的基础上启动了飞行区下穿通道及 5 号坪改造工程。

浦东机场5号机坪改造工程位于浦东机场现状航站区与南航站区之间，工程主要工作内容分为三部分：① 5号机坪改造工程：将现有5号机坪贯穿形成一条E类滑行道，与第一跑道、第二跑道的平滑系统连通，并对相应的飞行区围界进行调整。② T1机位改造工程：将T1东南侧小机坪区域的5个D类机位改造为8个C类机位，并对机坪滑行通道和登机桥进行相应的调整与改造。③ 实施与下穿通道工程相关的地面道路的改造：结合新建T1—S1、T2—S2下穿通道与地面车辆的运行需求进行改造；恢复因下穿通道开挖而破坏的地面服务车道；结合下穿通道的出口位置，新建服务车道与现有飞行区道路系统相连；在T1—S1下穿通道T1一侧的出口位置，新建一处保障车辆停放场地。

本工程特点在于纯禁区施工，主要对浦东机场核心运行区域进行改造。因此，为满足运行需要，将分阶段分区域实施并分块投运：① 第一阶段：主要为T3滑行道以南区域施工内容。② 第二阶段：主要为T3滑行道区域施工内容，包括滑行道桥。③ 第三阶段：主要为T4滑行道及以北区域施工内容，包括T1机位改造。具体分区示意图如图6-27所示。

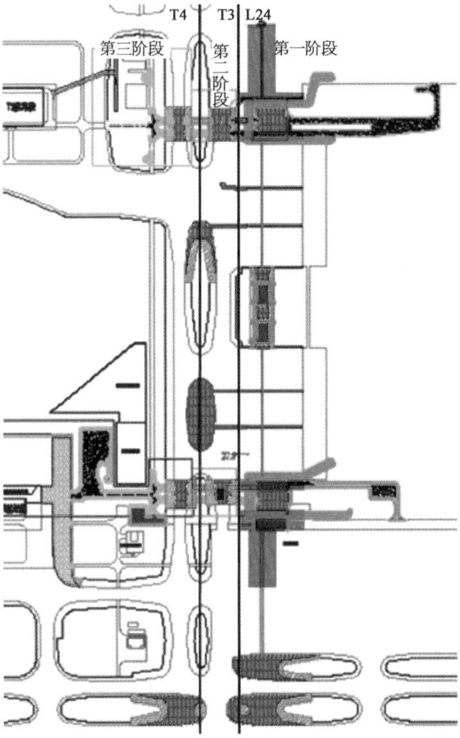

图6-27　5号机坪改造工程阶段分区示意图

6.2.2　典型工况下的不停航施工策划与实施

1）繁忙平滑间的土岛改造

平滑间即为机场两条平行滑行道之间的区域，很多机场由于前期建设时缺少远期规划，一般将平滑间设置为土面区。近年来随着航空业务量的快速增长，许多大中型城市逐渐成为干线机场甚至枢纽机场，航班增多、客货流量增大，原有的机场规模已远远不能满足要求，此时便面临改扩建。

5号机坪改造工程对A、B滑土岛以及L01、B滑土岛进行改造，将原土面区硬化为道面，由此以来增加了两个滑行道道口，从而减轻了空管调度压力。

该工况条件下的施工区域，施工难度极大，主要有以下几点：一是需要穿越运行中的滑行道进行施工，需要保护现有的道面不被破坏；二是需要在夜间航班停航间隙组织实施；三是此工况下的施工适航恢复要求极高。

现状分析：A、B滑土岛位于A滑、B滑、T3、B3滑行道包围内，如图6-28所示。

施工分区策划见表6-3。

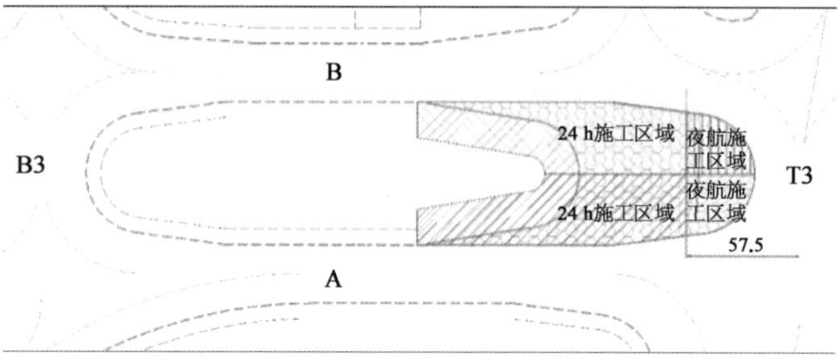

图6-28　A、B滑土岛平面位置图

表6-3　施工分区策划

序号	施 工 分 区	施 工 条 件	面积(m²)
1	B滑影响区域	区域段B滑关闭后24 h施工	3 881.59
2	B滑和T3共同影响区域	区域段B滑关闭,T3夜间关闭时夜航施工	833.72
3	A滑影响区域	区域段A滑关闭后24 h施工	3 882.43
4	A滑和T3共同影响区域	区域段A滑关闭,T3夜间关闭时夜航施工	834.25

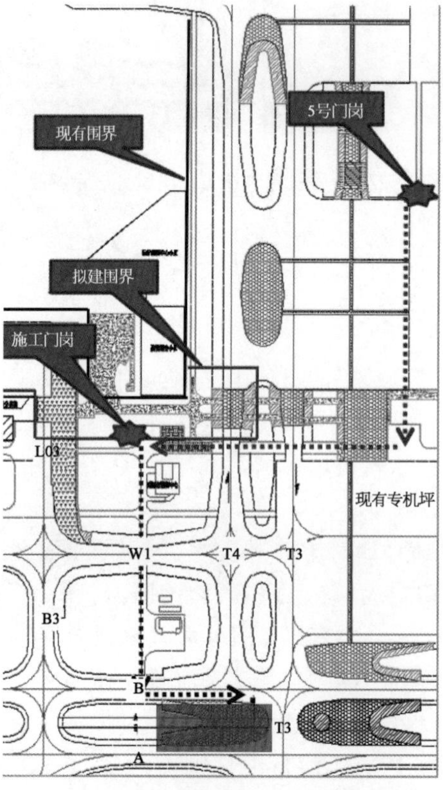

图6-29　A、B滑土岛平面位置及行车路线示意图

此区域主要施工作业内容为原道肩板破除、山皮石换填、水稳基层、混凝土面层、排水沟、助航灯光等。

(1) 进场路线。进出场路线分为两条:① 自T1前道路→指挥中心前道路→拟开施工门岗→站坪楼北服务车道→穿W1→1号消防执勤点北道路→穿B滑→施工区域;② 5号门岗→现有服务车道→穿T3/T4→站坪楼北服务车道→穿W1→1号消防执勤点北道路→穿B滑→施工区域。

其中路线1主要为山皮石等原材料进场路线,路线2主要为水稳、混凝土等材料进场路线。平面位置及行车路线如图6-29所示。

(2) 施工方案。为最大程度减少施工对运行产生的影响,同时保障施工顺利进行,针对该土岛施工,计划分两阶段实施。

第一阶段施工B滑一侧区域,即施

工分区 1 和 2。施工此区域要求 24 h 关闭 B3(不含)至 T3(不含)之间的 B 滑行道,同时关闭 W1(不含)至 B 滑(含)之间的 T4 滑行道,夜间利用关闭 T3 滑行道的时机进行分区 2 施工。

施工期间运行模式如图 6－30 所示。

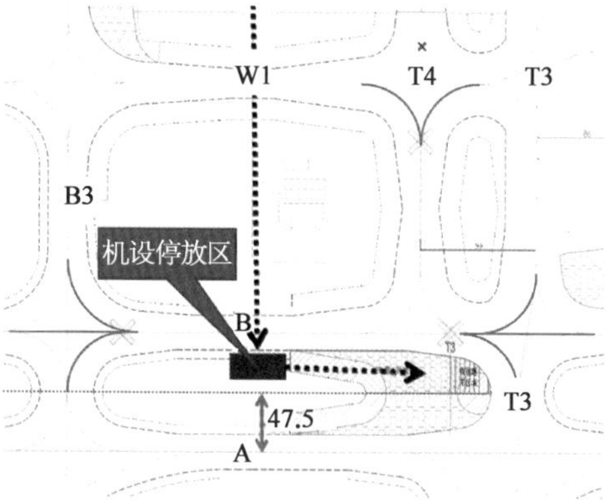

图 6－30　A、B 滑土岛第一阶段运行模式示意图

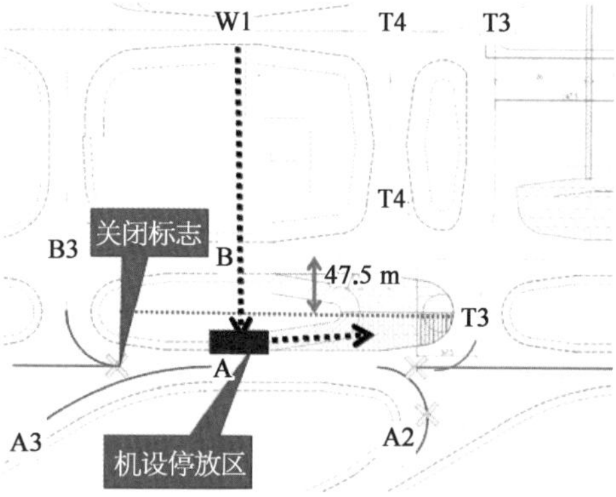

图 6－31　A、B 滑土岛第二阶段运行模式示意图

在图示三个位置(黄色×)摆放关闭标志,并除去相应滑入的滑行线(图中红色的滑行线)。

一阶段分为 24 h 施工区域(图示黄色区域),面积 3 881.59 m^2,夜航施工区域(图示红色区域),面积 833.72 m^2。

第二阶段施工 A 滑一侧区域,即施工分区 3 和 4。施工此区域要求 24 h 关闭 B3(不含)至 T3(不含)之间的 A 滑行道,同时 A2 道口左转 A 滑的滑行线关闭,夜间利用关闭 T3 滑行道的时机进行分区 4 施工。

施工期间运行模式如图 6－31 所示。

在图示三个位置(黄色×)摆放关闭标志,并除去相应滑入的滑行线(图中红色的滑行线)。

二阶段分为 24 h 施工区域(图示黄色区域),面积 3 882.43 m^2;夜航施工区域(图示红色区域),面积 834.25 m^2。

2) 限制条件下的服务车道翻交

机场的改扩建工程往往受限于机场运行,为满足该要求,通常的处理办法是将飞行区空侧(禁区)施工转化为陆侧(非禁区)施工,由此来避免因不停航施工带来的各种施工限制。

空侧向陆侧的转化,其关键点就在于保持机场运行中服务车道的畅通。为此,在开展施工前,须对区域周边原有服务车道进行改道,禁区围界进行翻交,从而不影响机场正常运行。

5 号机坪改造工程自开工以来,先后经历围界服务车道翻交多达十余次,其中三阶段实施过程中,T2—S2 通道上部、L07 滑行道以南的区域便面临服务车道围界的翻交。

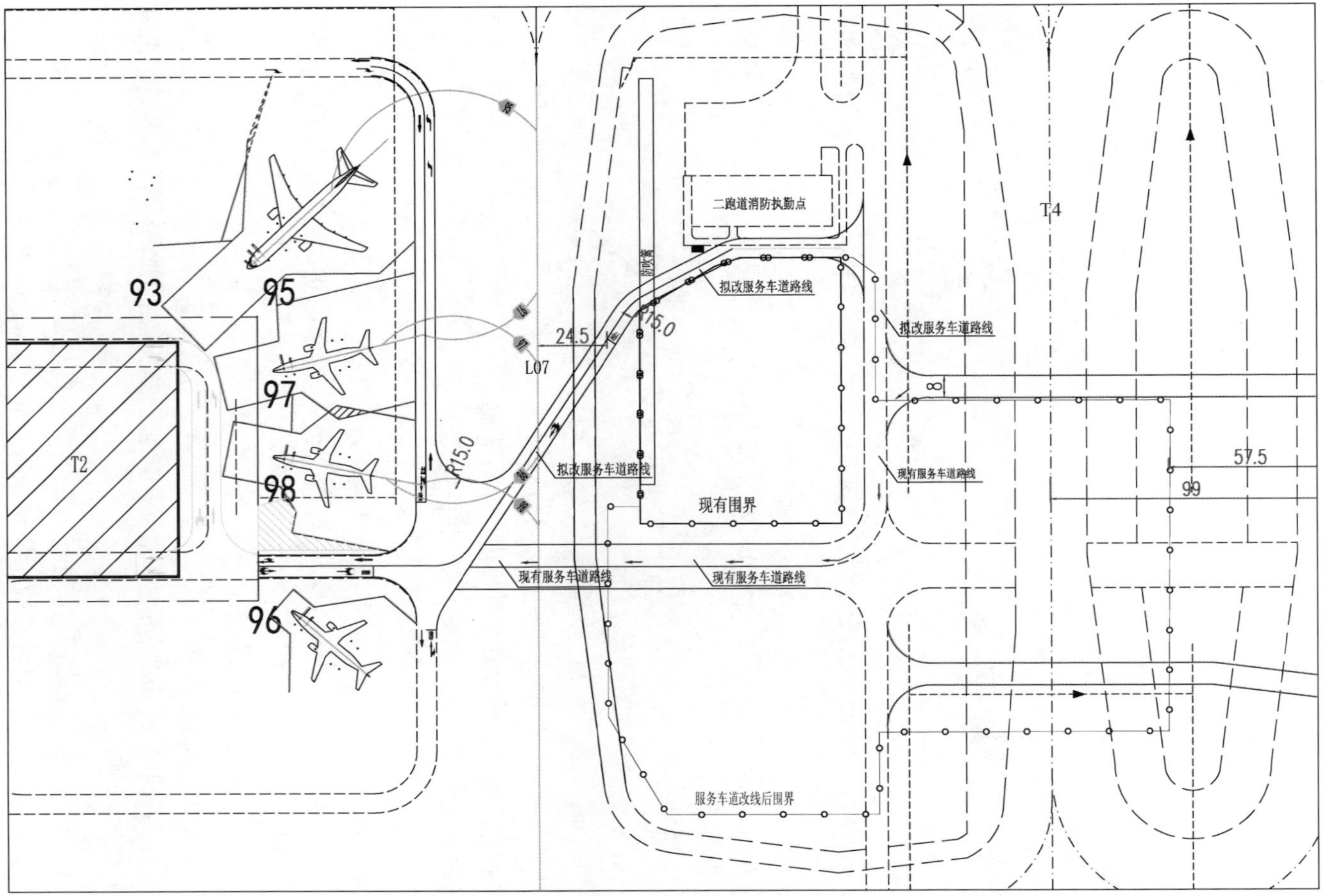

图 6－32　L07 滑行道南侧服务车道改线示意图

为满足 T2—S2 下穿通道三阶段工程施工，三阶段临时围界须将现有横穿 L07（C 类运行）南北向服务车道阻断，为保持南北向服务车道的贯通，在横跨 L07 区域服务车道向东南方向改线，并与现有二跑道消防执勤点西侧于 2015 年已完成部分的服务车道贯通。其中，新规划服务车道道面结构拟按如下实施：道面部分利用现有 L07 滑行道道面，道肩（破除后）及土面区结构采用 50 cm 山皮石 + 20 cm 水稳 + 22 cm 混凝土进行施工。具体平面位置如图 6－32 所示。

3）改造区域内既有管井的加固

机场的改扩建工程，通常是对原土面区进行改造硬化，而先期实施的初步设计一般会将供机场运营的各类管线以及对应井体放在土面区范围内。土面区范围内的管井，先期是按照飞行区土面区技术标准敷设安装的，改扩建工程若涉及该情况，须对原有土面区范围内的老管线进行包封保护，并加固原井体。

机场各类管线是机场的动脉，施工期间必须绝对确保机场管线安全。针对上述情况，5 号机坪改造工程在实施每个区域施工前，建设指挥部多方联系机场管线管理单位和管线物探单位，根据管线物探成果报告，对管线进行了梳理。人工按 15 m×15 m 方格网开挖样沟，深度超过设计开挖深度 50 cm，人工探明地下管线。在查明的管线线路上，每隔 10 m 插上管线警示牌，在确定的管线边 1 m 范围内土方开挖全部采用人工开挖，确保管线安全的万无一失。对暴露出的管线设专人 24 h 巡视保护，确保管线安全。

管线保护流程如图 6－33 所示。

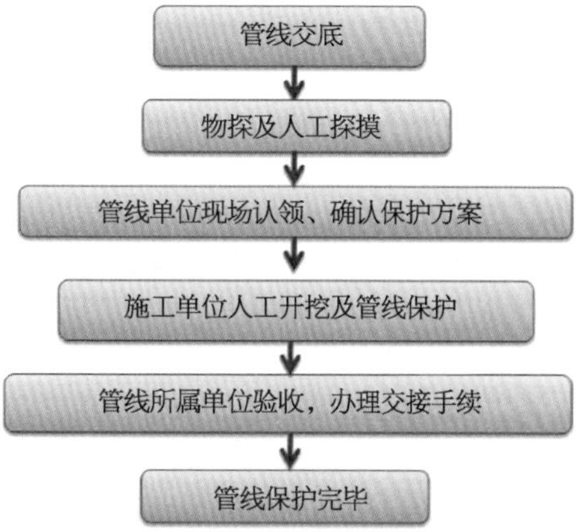

图 6－33 管线保护流程

5 号机坪改造工程在实施过程中，便遇到了各种不同类型的管线及井体，主要涉及有电力管井、消防管井、上水管井及通信安防管井等。其中一般管线在土面区中仅用裸土包裹，消防管线也仅采用黄砂包封，井体类型一般为砖砌井或低强度混凝土井。而根据飞行区技术标准，道面下管线、井体等，均须满足对应道面或服务车道的承重荷载要求。

5 号机坪改造工程三阶段开工后，施工单位优先安排进行现场管线探摸，经实际勘察后，发现地下主要管线共 5 条，涉及井体加固多达 11 处。其中，主要影响范围为 T1 小机坪南侧区域，具体管线井体位置示意图如图 6－34 所示。

针对上述情况，建设指挥部经多方协调，最终由设计单位出图对相应管井做原位加固处理，施工单位严格按图现场施工，根据井口位置情况不同，具体加固措施如图 6－35、图 6－36 所示。

以上措施适用于井体的原位加固，在不停航施工的条件限制下，既利用了原有井体的结构，又同时加强了其承载能力。

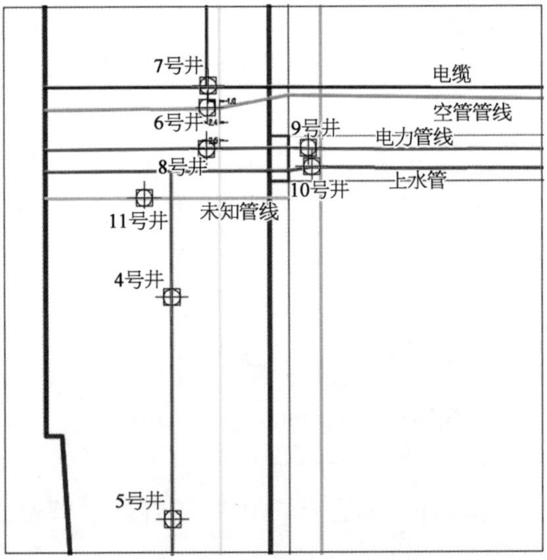

图 6-34　T1 小机坪南侧现有管井平面位置示意图

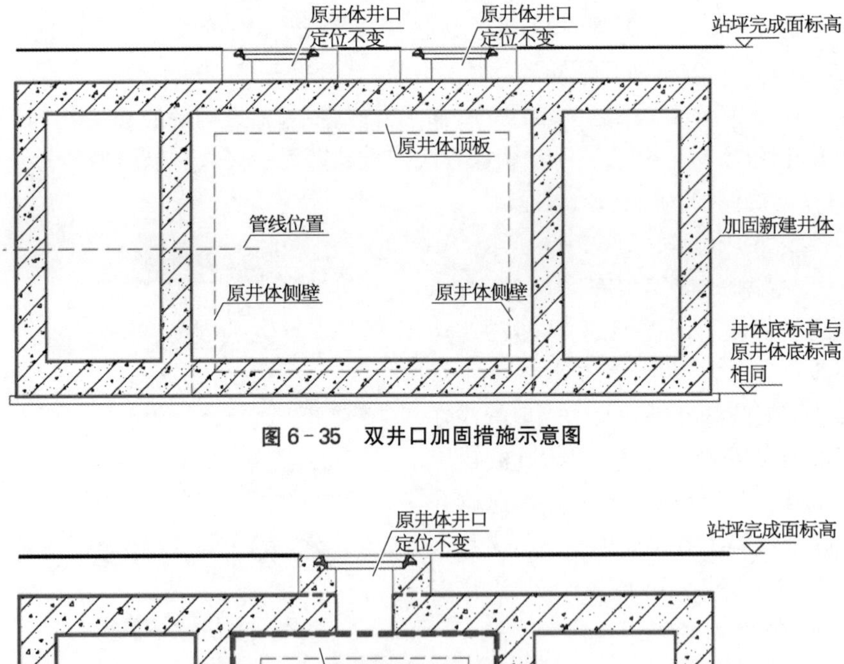

图 6-35　双井口加固措施示意图

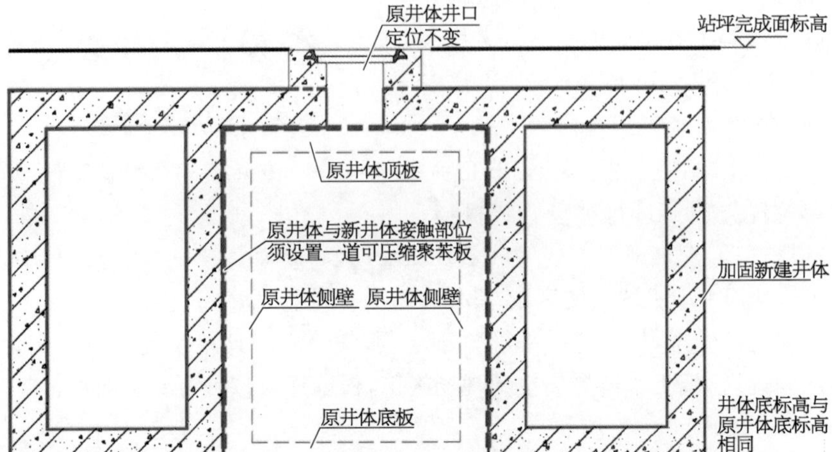

图 6-36　单井口加固措施示意图

第7章 受机场既有条件限制下的下穿通道施工

下穿通道工程作为浦东机场三期扩建工程的重要组成部分，其所处周边环境复杂，加大了其建设难度。工程建设中遇到的主要限制条件有紧邻盾构隧道下的基坑施工、邻近既有航站楼超长深基坑施工、穿越运营滑行道的基坑施工以及横穿众多重要设备管线的基坑施工。通过统筹周边复杂环境条件，实现工程正常推进。本章即从上述建设过程中受到的限制条件进行分析，并从技术角度出发逐步找到解决的方法。

7.1 限制条件一：紧邻盾构隧道明挖施工

本工程周边环境复杂，全线与在建盾构隧道相邻，南端邻近在建 S1，北端邻近 T1 登机桥改建工程，复杂周边环境下的深基坑开挖对于基坑及周边环境变形控制要求较高。下穿通道走向与盾构隧道走向大部分里程段内是同一个方向，其中下穿通道暗埋段与盾构隧道水平距离最近相距 4.6 m，最远相距 12.7 m。北端 T1 已投入运营多年，基坑距离 T1 水平距离约 5 m，该处基坑深度约 10.4 m，按照机场指挥部要求下穿通道遵循机场不停航施工，对于施工过程中保证 T1 正常安全运营至关重要。基坑开挖过程中基坑周边土体势必受到开挖扰动，进一步引起土体应力重分布，施工过程中对于周边环境变形监测要求较高。

7.1.1 基坑施工安全措施

7.1.1.1 环境概况

下穿通道与邻近盾构隧道走向大体一致，两者水平距离为 4.6～12.7 m。两工程不同分段的施工顺序综合考虑分析确定。在进行第三阶段 XL－19～21 段基坑开挖时，邻近基坑 XL－17～18 段已施工完毕，并且邻近隧道在 XL－17～18 段前已经施工完毕，邻近隧道在基坑 XL－17～18 段施工过程管片产生了一定的变形。XL－19～21 段基坑围护结构内边缘距离隧道管片 4.6 m，所以该段基坑开挖是在隧道已有一定变形的基础上进行的。根据隧道变形控制规范要求，允许隧道管片横向收敛 0.002D(D 为隧道直径)，邻近隧道直径为 6.4 m，所以基坑开挖造成的变形允许数值为 13 mm。

由于基坑距离隧道较近，距离隧道施工完毕时间较短，其管片周围土体受到的扰动未消散，密实度较差。基坑施工机械不允许在上部施工，所以该段基坑开挖机械设备只能在另一侧进行施工，对 SMW 工法桩围护结构有一定的影响。

XL－19～21 段基坑分为深浅坑，浅坑深度约 8 m，深坑约 10.5 m。外侧围护形式为 SMW 工法桩；内侧深坑围护形式 19～20 段为三轴水泥搅拌桩重力坝，21 段为钻孔灌注桩。基坑具体尺寸如图 7－1、图 7－2 所示。

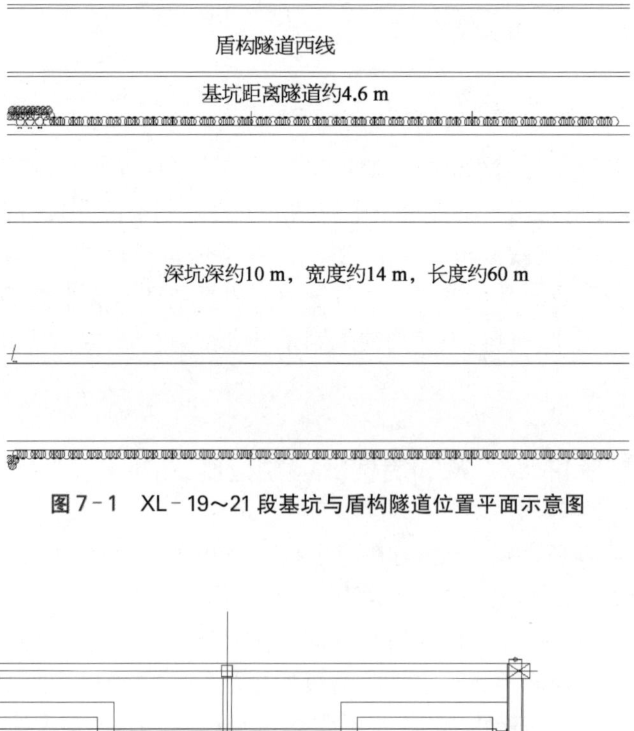

图 7－1　XL－19～21 段基坑与盾构隧道位置平面示意图

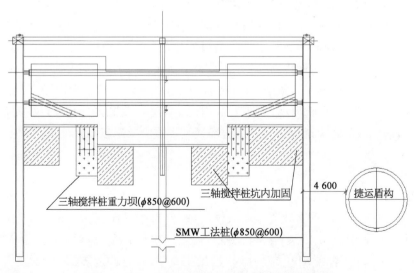

图 7－2　XL－19 段基坑与盾构隧道位置剖面示意图

7.1.1.2 基坑开挖对邻近盾构隧道的影响

在进行该段基坑开挖时，距离邻近隧道施工完毕时间较短。隧道周边土体在盾构机械扰动下，应力发生重分布现象，并且管片注浆强度未达设计强度。靠近隧道侧基坑围护形式为 SMW 工法桩，并且围护结构内侧距离隧道 4.6 m。随着基坑的开挖，围护结构出现变形，当基坑开挖到服务车道浅坑底板时(距地表约 8 m)，由于坑外土压力的作用下，SMW 工法桩变形逐渐变大，水平位移最大变形点出现在浅坑底板以下约 1 m 处。其主要原因除了坑内土体的开挖导致围护结构直接承受坑外土压力，还在于随着坑内土体的开挖，坑底距邻近隧道顶标高距离逐渐变小，隧道在管片周边注浆未达设计强度以及基坑坑底减压的情况下，隧道环片向基坑一侧发生变形。因此，基坑开挖到浅层底板时，围护结构水平位移最大点出现在底板下 1 m 处。

由于基坑距离隧道较近，并且深坑坑底距隧道顶标高距离较小，为了减小深坑的开挖对邻近隧道的影响，增加深坑围护结构，以保证隧道的安全性。XL－19～20 段中间深坑落深约 2 m，对应的内部围护形式为三轴水泥搅拌桩重力坝；XL－20 段中间至 21 段深坑落深约 3 m，对应的内部围护结构为钻孔灌注桩。浅坑底板施工完毕后进行深坑施工，挖到深坑底标高后，围护结构变形进一步增大，水平位移最大点标高与隧道顶基本相同，进一步说明了围护结构变形受隧道的影响较大。围护结构水平位移最大值与盾构隧道标高相对位置如图 7－3 所示。

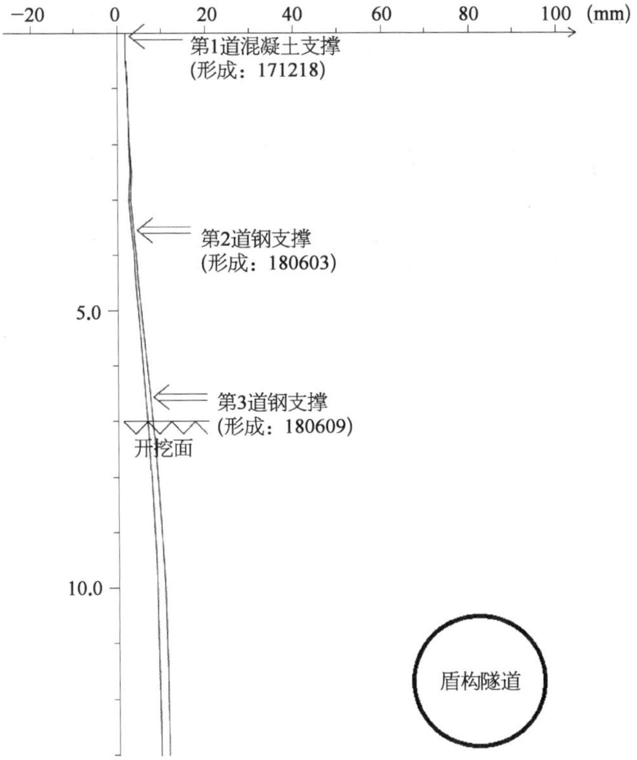

图 7－3 围护结构水平位移最大值与盾构隧道标高相对位置

7.1.1.3　保护措施

XL-19～21 段基坑距离隧道较近，并且在该段基坑开挖前 XL-17～18 的基坑开挖已经对邻近隧道造成了影响，管片有了一定的变形。前期隧道的施工距该基坑施工时间较近，周边扰动的土体尚未回复原状，管片注浆强度未达到设计值。该基坑在周边环境改变下进行施工，基坑的施工以及隧道周边土体的恢复会产生一定的耦合现象。因此，为了减小该段基坑的开挖对周边环境的影响，必须采取一定的技术措施来保证基坑的顺利施工以及减小隧道的管片变形。

1) 技术措施一：增设钢支撑轴力补偿系统，动态控制基坑变形

(1) 自动轴力系统设置。下穿通道 XL-19～21 段基坑除第一道为 800×800 混凝土支撑外，共设置两道 ϕ609×16 钢支撑。两道钢支撑上下对齐布置，共计 34 根。为了最大程度减小基坑开挖对已建隧道的影响，在全部钢支撑上采用自动轴力补偿系统。

本轴力补偿系统的现场控制站靠近基坑边一字排开，每隔一段间距设置 1 台，分别控制 3 台泵站(液压系统)，每个泵站可控制 4 根钢支撑(图 7-4)。各个站点通过控制器局域网络(CAN)总线实现数据采集及发送控制指令。因此，XL-19～21 段基坑共需要 34 个油缸、9 台泵站和 3 台现场控制站。

图 7-4　自动轴力补偿系统的设置

(2) 实施效果。XL-17～18 段基坑东西向宽度 30 m，南北向长度 50 m，最大挖深 10 m，与盾构西线水平距离 4.6 m。施工过程中，监测单位在基坑东侧设置了 P50 和 P65 两个基坑测斜点，对应的盾构环片分别为 Z475 环和 Z455 环(图 7-5)。

P50 测点处的土方于 2017 年 10 月 30 日开挖，至 11 月 16 日底板完成浇筑时(共计 18 d)，该测斜点的最大值达到 49.6 mm，对应盾构环片 Z475 环收敛变形值最大达到 22 mm。在此过程中，11 月 10—16 日为最后开挖及底板施工时间，基

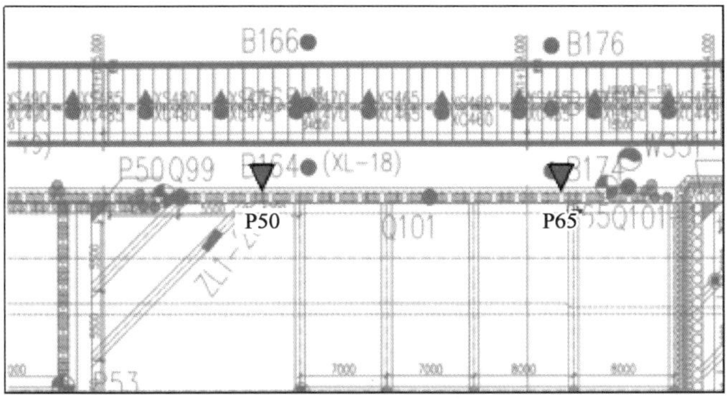

图 7-5　XL-17～18 段基坑监测点与对应隧道环片监测点布设

坑侧向变形出现一个较大的突变，从 18 mm 增加到了 49.6 mm，对应的盾构 Z475 环收敛变形也从 2 mm 增加到了 22 mm（图 7-6）。

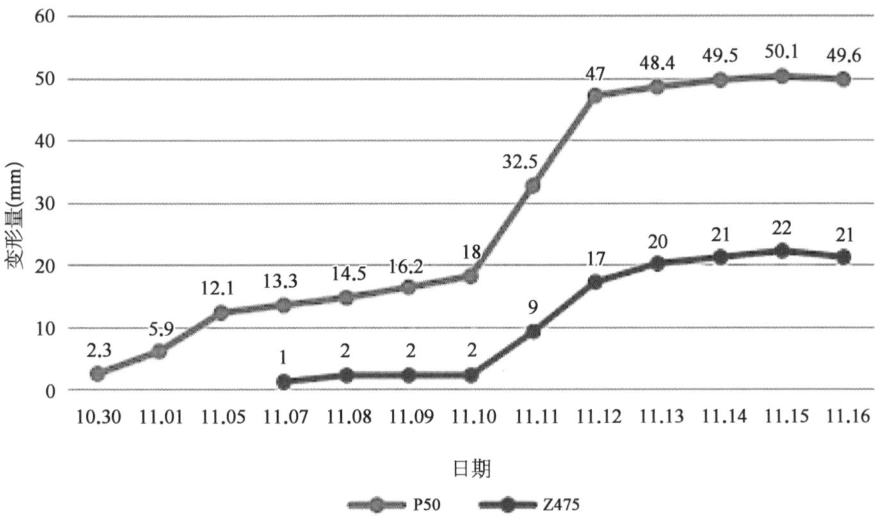

图 7-6　随基坑开挖围护结构测设点 P50 及对应隧道环片 Z475 水平位移最大值变化对比曲线

P65 测点处的土方于 2017 年 10 月 27 日开挖，至 11 月 15 日底板完成浇筑时（共计 19 d），该测斜点的最大值达到 43.2 mm，对应盾构环片 Z455 环收敛变形值最大达到 20 mm。在此过程中，11 月 10—15 日为最后一皮土方开挖及底板施工时间，基坑侧向变形出现一个较大的突变，从 16 mm 增加到了 43.5 mm，对应的盾构 Z455 环收敛变形也从 6 mm 突然增加到了 19 mm（图 7-7）。

XL-19～21 段基坑东西向宽度 30 m，南北向长度 50 m，最大挖深 10 m，与盾构西线水平距离 4.6 m。除此以外，东、西服务车道结构标高逐渐起坡抬高，但行李车道结构标高仍保持基本水平，因此 19～21 段基坑施工难度明显加大。基坑施工时，所有钢支撑都加装了轴力自动补偿系统，同时调整了总体施工部署，即先开挖至浅坑底部完成浅坑底板，再开挖至深坑底部完成深坑底板。该基坑于

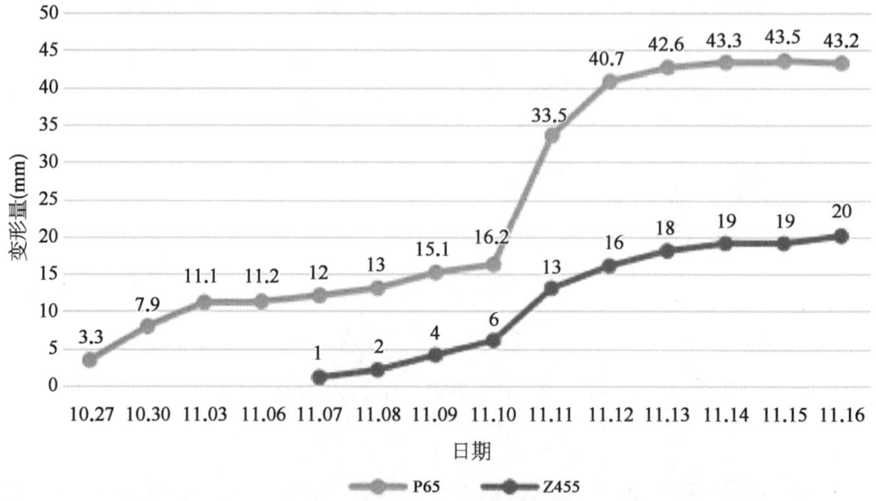

图 7-7　随基坑开挖围护结构测设点 P65 及对应隧道环片 Z455 水平位移最大值变化对比曲线

2017 年 5 月 30 日开始开挖第一皮土方，6 月 14 日完成了 21 段浅坑底板，6 月 25 日完成了 19 段浅坑底板，6 月 30 日完成了 20 段浅坑底板。

监测单位在基坑东侧设置了 T48、P48、T66、P66 四个基坑测斜点，T48 点位于 19 段，P48 点位于 20 段，T66 点和 P66 点位于 21 段(图 7-8)。四个测斜点对应的盾构环片分别为 XS495、XS500、XS515、XS525。

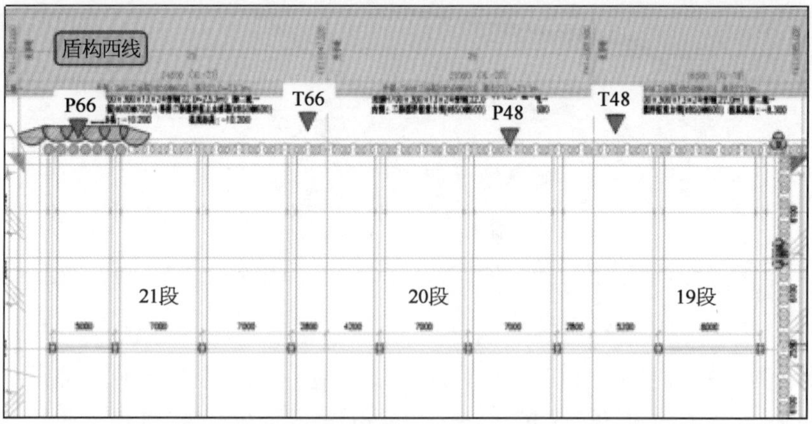

图 7-8　XL-19～21 段基坑监测点与对应隧道环片监测点布设

T66 测点位于 21 段，从土方开挖至浅坑底板完成浇筑时(共计 16 d)，该测斜点的最大值达到 22.6 mm，对应盾构环片 XS515 环收敛变形值最大达到 15 mm(开挖前初始值为 4 mm)，如图 7-9 所示。且在此过程中，6 月 10—14 日为浅坑坑底土方开挖及底板施工时间，基坑侧向变形虽仍有突然的增量，但增量数值仅为 12 mm，对应的盾构 XS515 环收敛变形也仅增加了 4 mm。

P66 测点也位于 21 段，从土方开挖至浅坑底板完成浇筑时(共计 16 d)，该测

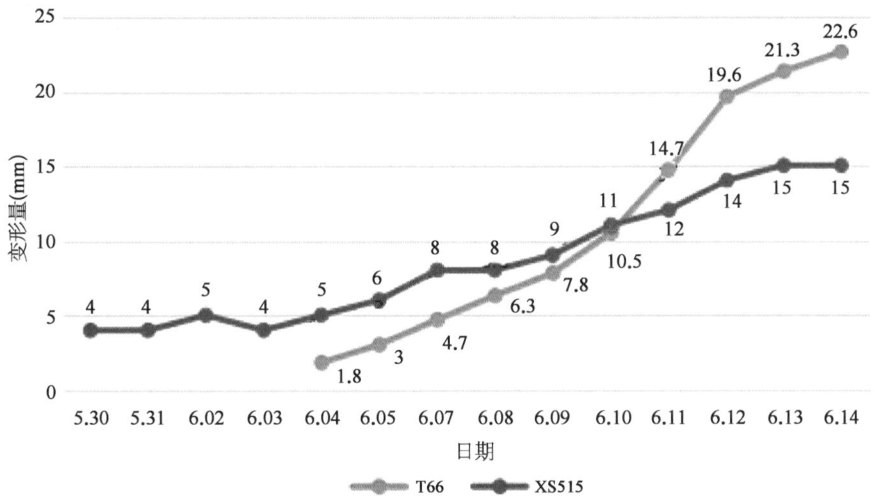

图 7－9　随基坑开挖围护结构测设点 T66 及对应隧道环片 XS515 水平位移最大值变化对比曲线

斜点的最大值达到 12.5 mm，对应盾构环片 XS525 环收敛变形值最大达到 16 mm（开挖前初始值为 3 mm）。且在此过程中，6 月 9—14 日为浅坑坑底土方开挖及底板施工时间，基坑侧向变形虽仍有突然的增量，但增量数值仅为 6 mm，对应的盾构 XS525 环收敛变形也仅增加了 9 mm（图 7－10）。

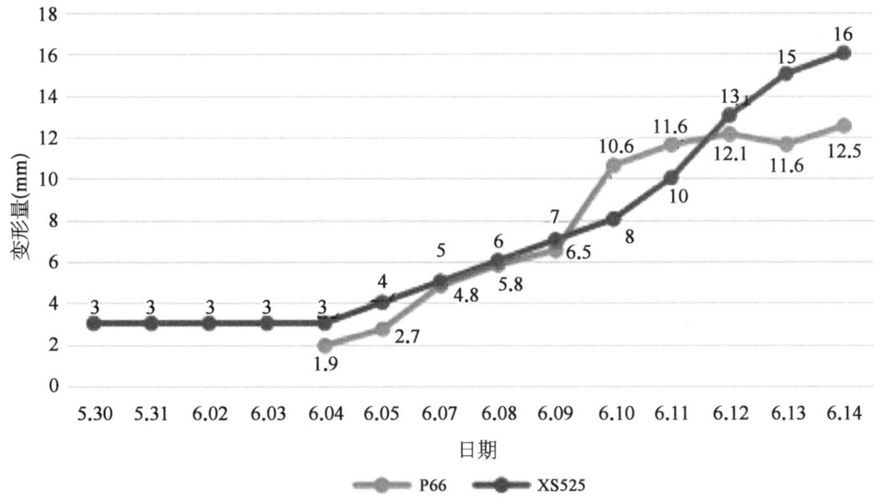

图 7－10　随基坑开挖围护结构测设点 P66 及对应隧道环片 XS525 水平位移最大值变化对比曲线

P48 测点位于 20 段，从土方开挖至浅坑底板完成浇筑时（共计 31 d），该测斜点的最大值达到 34.1 mm，对应盾构环片 XS500 环收敛变形值最大达到 27 mm（开挖前初始值为 10 mm）。且在此过程中，6 月 26—30 日为浅坑坑底土方开挖及底板施工时间，基坑侧向变形虽仍有突然的增量，但增量数值仅为 7 mm，对应的盾构 XS500 环收敛变形并无明显增加（图 7－11）。

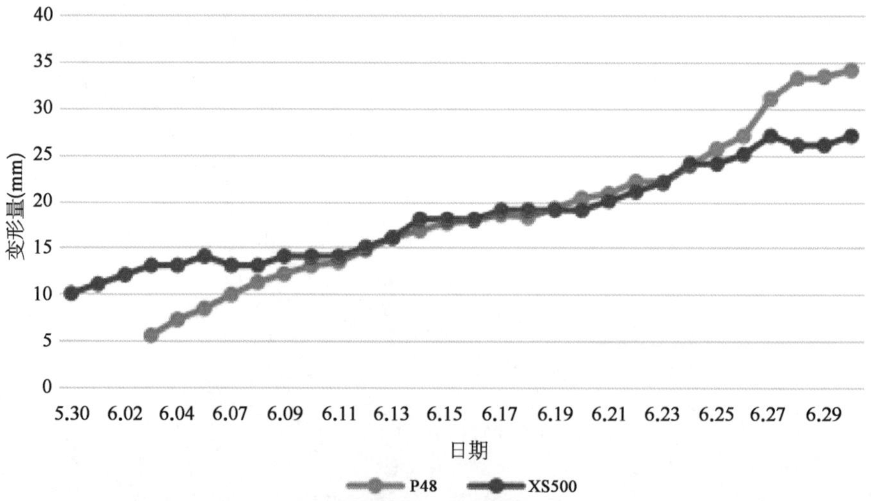

图 7-11 随基坑开挖围护结构测设点 P48 及对应隧道环片 XS500 水平位移最大值变化对比曲线

T48 测点位于 19 段，从土方开挖至浅坑底板完成浇筑时（共计 25 d），该测斜点的最大值达到 24.2 mm，对应盾构环片 XS495 环收敛变形值最大达到 26 mm（开挖前初始值为 14 mm）。且在此过程中，6 月 22—25 日为浅坑坑底土方开挖及底板施工时间，基坑侧向变形虽仍有突然的增量，但增量数值仅为 6 mm，对应的盾构 XS495 环收敛变形也仅增加了 5 mm（图 7-12）。

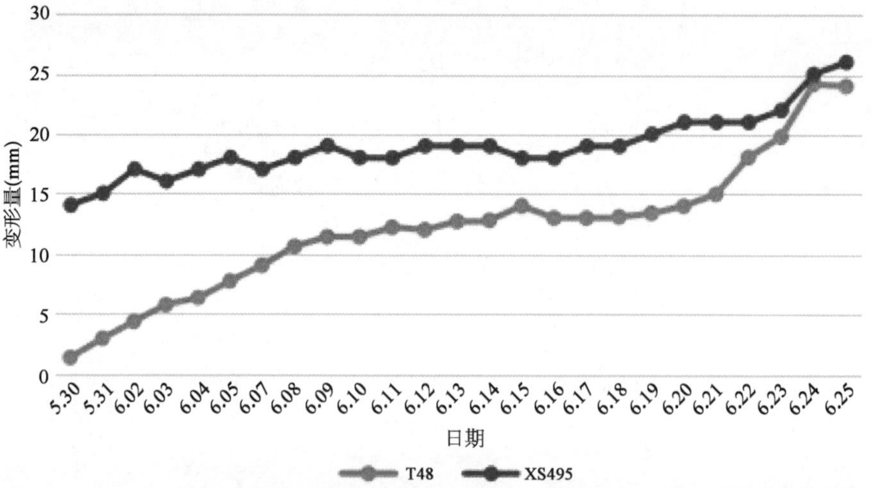

图 7-12 随基坑开挖围护结构测设点 T48 及对应隧道环片 XS495 水平位移最大值变化对比曲线

钢支撑轴力自动补偿系统的作用，主要体现在限制基坑施工过程中围护体侧向变形方面。从上述结果看到，在 XL-19～21 段基坑施工过程中，钢支撑轴力自动补偿系统对限制基坑变形起到了明显的作用，基坑变形过程基本稳定，尤其是在浦东机场较差的土质条件下，对本工程最后一皮土方开挖时基坑围护体侧向变形有明显的限制作用。

综上所述，在基坑变形控制要求更高、施工难度明显增加的情况下，在与XL－17～18段几乎相同的时间跨度范围内（XL－21段浅坑底板完成用了16 d），甚至在更长的时间跨度范围内（XL－19段和20段浅坑底板完成分别用了25 d和31 d），基坑变形和盾构变形均大幅度减小，因此采取钢支撑轴力自动补偿系统的控制措施是有效的。

2）技术措施二：调整基坑施工顺序，减少基坑变形

该阶段地下结构为三条车道，分别为中间的行李车道以及两边的东西服务车道，行李车道基坑深达到10.5 m，服务车道与行李车道坑底最大高差约3 m。由于基坑围护内边沿距离隧道管片水平距离仅4.6 m，并且行李车道坑底标高与邻近隧道顶标高高差较小，因此，需要对基坑深浅坑的施工顺序进行综合考虑分析，减小施工对隧道的影响。服务车道基坑距离地表约7 m，开挖到浅坑底标高时如果不及时进行浅坑垫层及底板的浇筑，基坑在卸土7 m以及邻近隧道土体尚未固结的情况下，坑底隆起力较大，基坑围护体侧向变形也较大。深坑开挖深度较浅坑深约3 m，并且隧道顶标高距离深坑地标高不足2.5 m；在隧道周边土体受到严重干扰以及隧道顶标高与深坑底标高较小的情况下，先进行浅坑底板的施工，可以减小邻近隧道一侧土体出现滑动面的可能性。因此，在外侧围护为刚度较弱的SMW工法桩情况下先进行浅坑底板施工，可以减小土体隆起，减小围护结构的水平位移，进一步增加隧道安全性。

XL－19～21基坑进行开挖时，相邻基坑XL－17～18段已施工完毕，邻近隧道已经有了不同程度的变形。当19～21基坑进行开挖时，19段与18段相邻处隧道相对于其他位置变形较大，因此，基坑开挖时，重点要控制该处的隧道进一步变形。前期考虑到，如果从19段向21段进行开挖，后续的开挖会对前期完成基坑的围护影响一直延续以及环境复杂等情况，初步制定的方案为从21段向19段进行施工，以此进行每段服务车道、行李车道的基坑开挖，开挖好立即进行底板的浇筑。在进行21段基坑开挖时，19段邻近隧道管片监测点水平位置变化较大，通过对监测数据进行分析，若继续进行20段的基坑施工，19段处隧道管片的变形值就会超过规范规定变形值，因此在21段浅坑底板施工完毕后，进行了开挖顺序的调整。经过各方多次研究决定，21段浅坑底板施工完毕后，依次进行19段深浅坑施工→20段浅坑→21段深坑→20段深坑施工。通过调整19～21段深浅坑的开挖顺序，以及钢支撑轴力补偿系统对围护结构变形的轴力补偿，基坑开挖顺利完成，邻近隧道的变形得到了有效控制。

上海的土质大部分是软黏土，在进行模型分析时一般采用摩尔-库伦或者修正剑桥模型，但是土体本身力学特性存在不确定性，并且这两者本构模型也是建立在大量实验的基础上。因此，要注重现场施工经验的积累，将丰富的施工经验在理论知识的支撑下，逐渐发展为可靠的"浅"理论用来指导施工。

3）技术措施三：基坑围护及盾构管片智能化监测，指导基坑施工

土体是一种弹塑性、塑性材料，其力学性质变化较大。因此，基坑施工存在大量的不确定性，在施工过程中要通过动态监控、动态调整，保证基坑工程的顺利实施。基坑监控是一种实用性强、可靠性大的信息管理技术，可以为基坑施工提供

可靠的现场动态指导。在基坑施工过程中及时对监测数据进行分析，可以动态调整施工速度、施工工序。

该段基坑在开挖前周边环境不断变化，首先，距离基坑围护结构 4.6 m 处进行盾构隧道的掘进，隧道的掘进势必引起周边土体的扰动，导致了土体应力的重分布；其次，该基坑南侧 17～18 段基坑在隧道完成掘进后进行了施工。这两处施工使得周边土体应力分布不断变化，后者的施工也对前者的施工造成了一定的影响，邻近隧道管片有了不同程度的变形。因此，19～21 段基坑施工时对周边环境的影响进行定性、定量分析都比较困难，只有选择其他的方式来指导基坑工程进行。信息化监测技术可以根据监测点变化情况，用来指导工程的施工。因此在进行基坑施工前进行监测点初始值的采取，开挖过程中定期监测，对于变化速率过大的监测点动态调整监测频率。

在进行 19～21 段基坑施工前对相应位置隧道管片及围护体系进行监测点的布置及初始测量(图 7－13)。由于相邻 17～18 基坑施工完成后，隧道管片有了不同程度的变形，因此开挖 19～21 段基坑要控制隧道的变形，过程中根据监测点变形值调整开挖工序。经过监测信息技术的应用，为 19～21 段基坑施工顺利完成提供了保障基础。

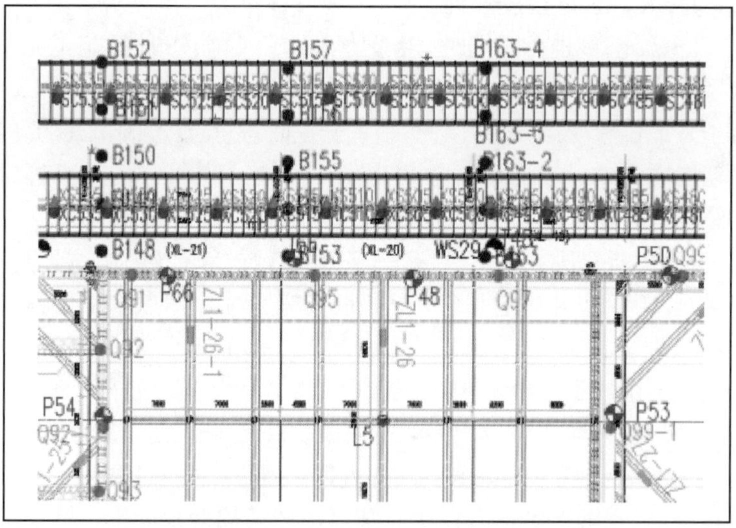

图 7－13　基坑围护及隧道管片变形监测布置示意图

4) 技术措施四：增设基坑开挖施工平台，减少围护变形

下穿通道与邻近捷运盾构隧道的关系大致为平行方向，因此设计单位提出，基坑东侧隧道上方不允许大型机械通行。为了减小基坑开挖对邻近隧道的影响，挖机等机械只能在基坑东侧停留施工。因此，该阶段施工时只有基坑西侧可以作为临时施工道路。本阶段基坑较深，考虑到围护形式为 SMW 工法桩，大型挖机靠近围护施工会增加围护的变形，对基坑的安全性有一定的影响。该处基坑第一道混凝土支撑高出邻近施工道路约 1 m，长臂挖机进行坑内翻土至土方车时，增

加了难度。因此必须采取有效的措施，既可以减小基坑开挖对围护结构的影响，又可以使长臂挖机顺利进行坑内土方作业。

考虑到减小长臂挖机对围护结构的影响，可以增大挖机底座与临时施工道路的接触面积，避免履带吊挖机对地面作用集中力。经过讨论分析，利用现场废弃钢围檩型钢构件制作施工平台，垂直基坑方向钢围檩尺寸为 6 m，平行方向为 8 m，上下面铺设路基箱(图 7－14)。通过架设施工平台，极大地方便了挖机将坑内土翻至土方车，使得施工效率得到提高。同时，施工平台的架设，增大了挖机底座的受力面积，避免了集中力的出现，减小了侧向土压力对围护结构的影响，增加了基坑施工的安全性。废弃钢围檩的重复利用，节约了资源，减小了施工成本。

图 7－14　基坑开挖机械施工平台作业面(平台上下面铺设路基箱)

5）技术措施五：MJS 工法桩在围护加固、止水补缺的应用

飞行区内分布众多管线，其中横跨下穿通道基坑方向的管线需要搬迁处理。由于管线埋置较深，需要对围护位置处土体进行加固处理，减少土体扰动对围护强度及止水效果的影响。因此，必须选择其他止水加固方式来替代传统的高压旋喷桩、三轴水泥搅拌桩，减少止水加固施工对邻近隧道的影响。

经过技术上及施工适用性的分析，采用 MJS 工法桩来补缺管线搬迁对围护加固、止水的影响。MJS 工法桩采用专用的排泥管进行排浆，有利于泥浆的集中管理，场地较干净，对于机场这种文明施工要求高的场所非常实用。MJS 工法能够调整强制排浆量来控制地内压力，使地内压力稳定，减少了施工中对周边土体的扰动。因此，邻近隧道一侧利用 MJS 工法桩可以减少对隧道的影响。这种工法形成的桩径质量好，强度大，止水及加固效果较好。

综上所述，下穿通道工程施工完第一、二阶段后，盾构隧道从 S1 向 T1 方向掘进，并且在施工第三阶段时，盾构已经全线完成。因此，第三阶段施工时，周边环境发生了变化，在进行基坑施工时需要考虑对邻近隧道的影响。基坑工程属于危险性较大分部分项工程，对基坑施工安全性控制，除了前期的勘察、设计以及后期的施工质量要按照方案进行外，过程中的保护措施、正确的施工工序同样重要，每一环节按照要求完成并且进行动态管理，才能保证基坑本身及周边环境的安全。通过采取以上技术措施，在复杂周边环境下，保证了基坑工程施工的顺利进行，同时隧道的变形也得到了有效控制。

7.1.2 基坑围护变形分析

7.1.2.1 开挖方案

下穿通道南起 S1，北至 T1，东侧紧邻新建隧道并与新建隧道方向相同(图 7-15)。本工程分为三个阶段，根据机场指挥部要求，在完成通道第一、二阶段的时候开始进行新建隧道推进，因此第三阶段的通道施工是在邻近隧道刚施工完毕不久进行的。根据隧道保护要求，新建隧道上方严禁重型车辆长时间停留，并且该部位距离塔台区域较近，所以该阶段施工时只有隧道西侧允许施工车辆的运行。该部位两侧的服务车道与中间行李车道设计标高不同，基坑存在坑中坑现象，并且机场处于不停航施工阶段，因此，基坑土方的卸土运输道路存在一定的困难。根据现场实际施工条件，选择以下三种不同的土方运输方法。

图 7-15 下穿通道东侧紧邻新建捷运隧道

1) 基坑开挖土方出土方式一

下穿通道 XL-19～21 段外侧浅部基坑围护形式为 SMW 工法桩，深坑围护形式根据深度不同包括钻孔灌注桩加三轴止水帷幕及三轴水泥搅拌桩重力坝，坑内加固为三轴水泥搅拌桩、旋喷桩。基坑宽度 30 m，两侧服务车道宽 8 m，浅坑深度约8 m，行李车道深度约 10 m；基坑内浅坑设置 1 道 800×800 的混凝土支撑和 2 道 ϕ609 钢支撑，另有部分深坑设置 1 道混凝土支撑。

XL-19～21 段中只有 XL-19 段设置了 8 m 宽、30 m 长的栈桥板，考虑到 XL-20～21 段基坑东侧邻近新建捷运隧道，只能在西侧进行土方开挖。为了减少土方开挖对围护体系的影响以及平衡第一道混凝土支撑高于地表标高的影响，在西侧围护结构边令废弃钢围檩搭设临时施工平台。尺寸及构件组成如图 7-16 所示。

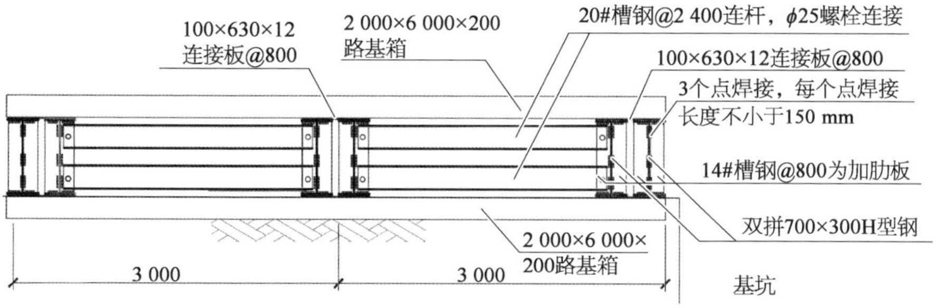

图 7-16　长臂挖机施工平台剖面图

为了尽可能地减小基坑开挖对围护体系及邻近隧道的影响，根据施工部署，先施工浅坑底板且做好浅坑底板的传力体系，后施工深坑底板。对于浅坑土方开挖，利用长臂挖机直接进行，臂长达不到的区域利用小型挖机翻土至其臂长范围内，及时进行垫层及浅坑底板的施工；对于深坑土体，长臂挖机臂长不满足要求，因此，需要利用小型挖机首先翻土至浅坑底板，然后利用长臂挖机二次翻土至土方车（图 7-17）。下穿通道周边环境复杂，东侧紧邻新建捷运隧道，并且机场飞行区施工道路紧张，通道基坑施工大部分利用该方法进行土方开挖、运输。

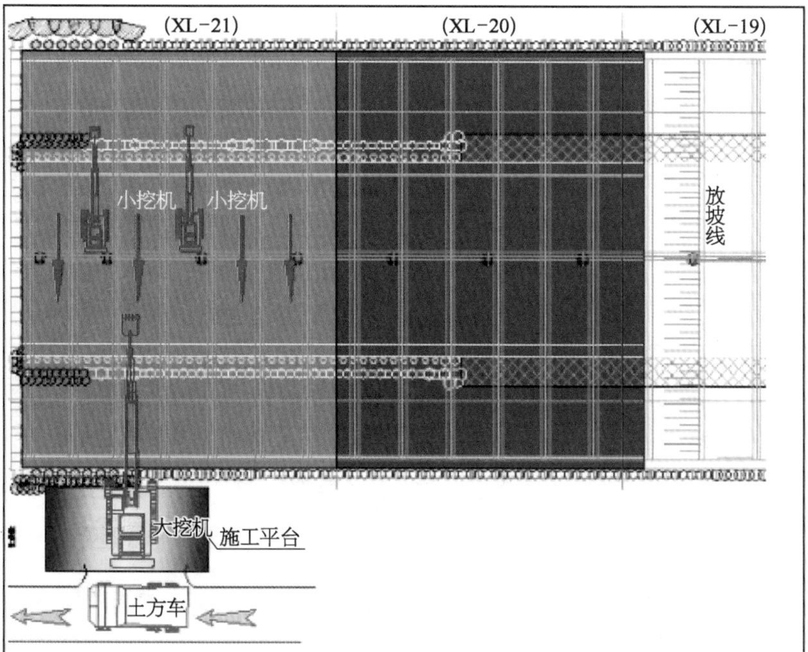

图 7-17　基坑开挖土方出土方式一

2）基坑开挖土方出土方式二

土方开挖至 XL－19 段时，XL－19 段上部设置了栈桥板，浅坑钢支撑设置密集，因此，下部土方开挖难度较大。基坑 XL－17～18 已施工完毕，该阶段的开挖引起周边土体应力重分布，进一步造成邻近新建捷运隧道的变形。规范规定隧道变形不能超过 0.002D（D 为隧道直径），基坑空间较小，作业面不足，因此该部位土方开挖难度较大。经过各方积极策划，决定利用已施工完毕下穿通道作为挖机停泊点来开挖 XL－19 段土方，土方车停在 XL－18 段。土方车运输路线按照第一、二阶段施工路线（图 7－18）。

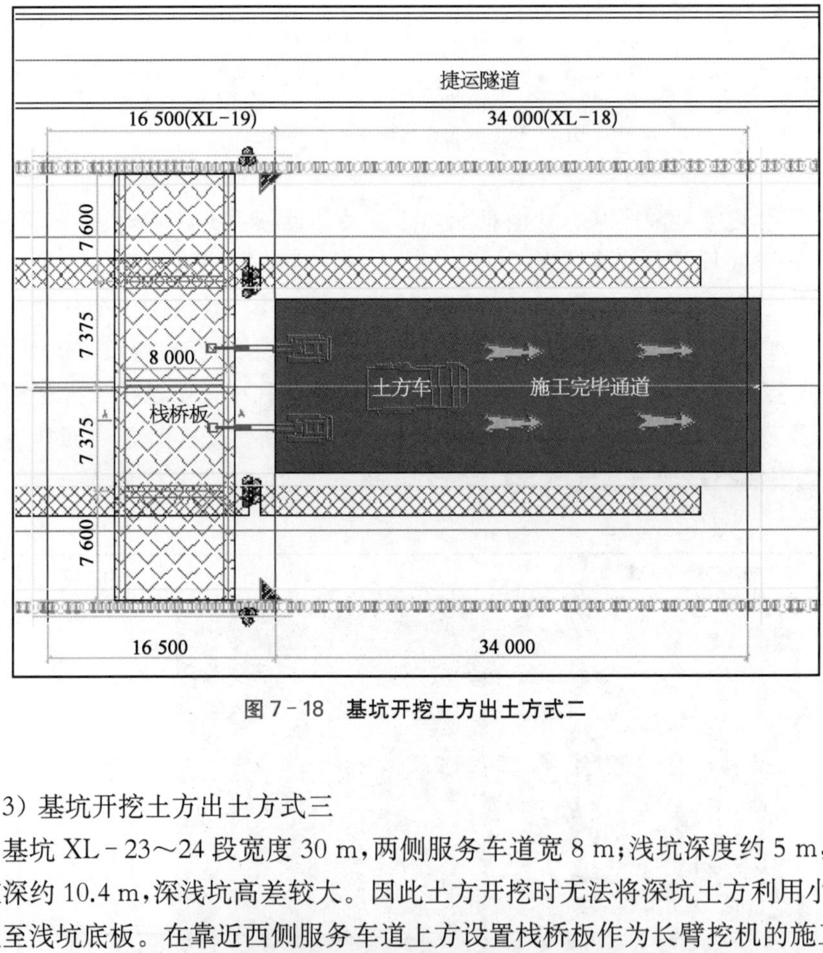

图 7－18 基坑开挖土方出土方式二

3）基坑开挖土方出土方式三

基坑 XL－23～24 段宽度 30 m，两侧服务车道宽 8 m；浅坑深度约 5 m，行李车道深约 10.4 m，深浅坑高差较大。因此土方开挖时无法将深坑土方利用小挖机翻土至浅坑底板。在靠近西侧服务车道上方设置栈桥板作为长臂挖机的施工点，结合下方小挖机翻土至长臂挖机臂长范围内进行土方的开挖施工。栈桥板位置横断面图如图 7－19 所示。基坑开挖土方出土方式三如图 7－20 所示。

7.1.2.2 围护变形分析

下穿通道工程在进行第三阶段基坑开挖施工时邻近新建捷运隧道已施工完毕，塔台及 T4 区域距离隧道较近约 4.6 m，小机坪区域距离隧道约 13 m。根据规范可知，基坑开挖对其周边环境影响的范围为 3 倍的基坑深度，即距离基坑边

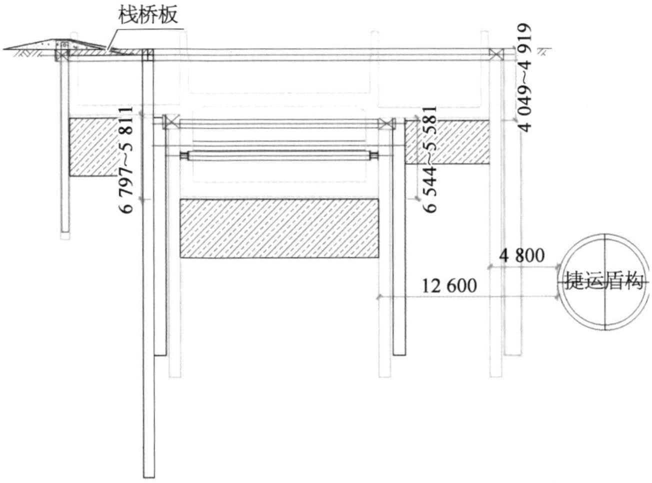

图 7 - 19　栈桥板位置横断面图

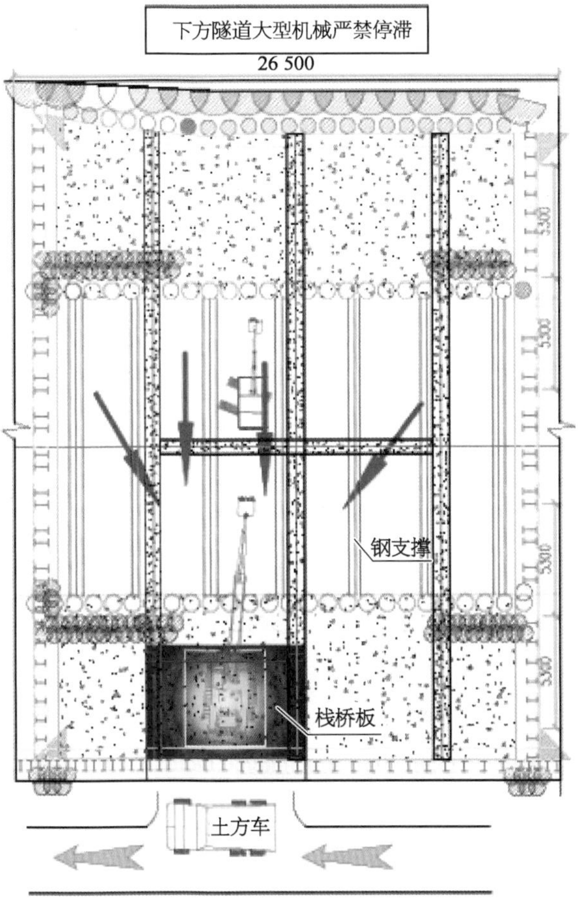

图 7 - 20　基坑开挖土方出土方式三

30 m范围内都是基坑施工影响范围，因此，第三阶段下穿通道施工将会对新建隧道产生一定的影响。

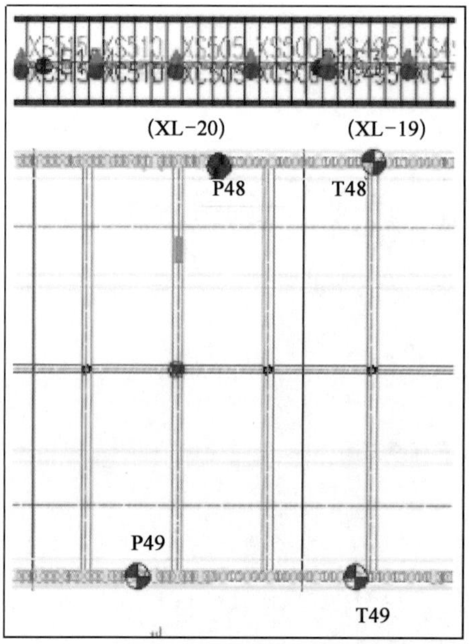

图 7－21　围护结构测斜点 P48/P49/T48/T49 布置图

基坑土方的开挖将会引起周边土体应力不平衡现象，为了能够朝着应力平衡的方向发展，土体将会发生变形，进而引起周边建筑物的变形，直到应力重分布完成为止。由于通道东侧邻近隧道，因此基坑两侧的围护体系变形将会出现不同的变化形式，为了能够更加直观地分析东侧围护结构变形受隧道的影响，选择 XL－19～20 段两侧测斜点 P48/P49/T48/T49 进行分析（图 7－21）。

XL－19～20 段东侧隧道埋深顶标高为－7.49 m，底标高－14.09 m。图 7－22、图 7－23 为两侧围护结构水平位移随埋深位置的变化值，从两组数据对比可知，基坑西侧的围护结构水平位移最大值出现位置在东侧的下方，即测斜点 P48 水平位移最大值出现在 13.5 m 处，P49 出现在 15.5 m 处；测斜点 T48 水平位移最大值出现在 10.5 m 处，T49 水平位移最大值出现在 13.5 m 处。从两组对比数据中可以看出，在隧道顶标高以上、地表以下一定深度出现了邻近隧道围护结构变形速率大于西侧的围护体，即 P48/P49 埋深从 4.5 m 至 12 m，T48/T49 埋深从 4 m 至 11 m。因此可以知道存在隧道一侧的围护结构受到隧道的影响，基坑开挖至 4 m 左右时两侧围护结构水平位移变化率出现不同变化，一直延续到隧道顶标高位置。

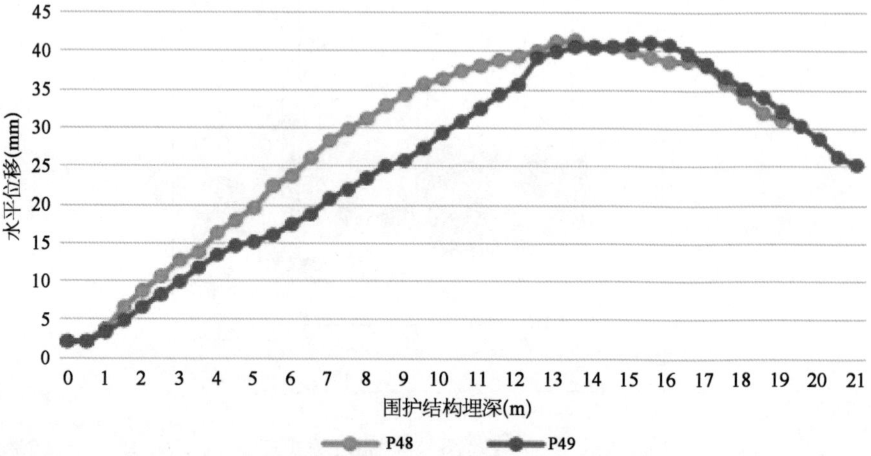

图 7－22　基坑开挖引起两侧围护结构水平位移变形曲线(一)

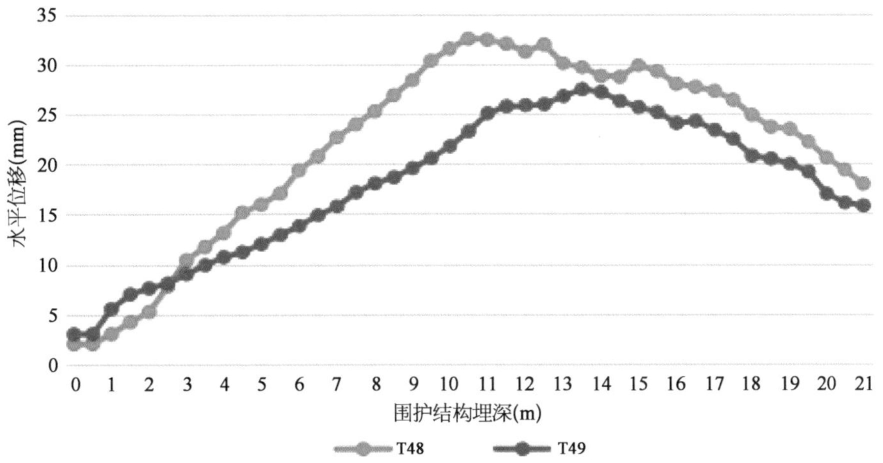

图 7-23　基坑开挖引起两侧围护结构水平位移变形曲线(二)

在进行 XL-19～21 基坑开挖过程中,基坑内部设置了两道钢支撑来减小开挖过程中围护体的变形。通过上述规律可知,当开挖至上述埋深时要及时进行钢支撑的架设,通过自动轴力补偿系统来平衡围护体主动区土压力影响,以此减小隧道的变形量。

通过对监测数据的分析,可以为设计支撑位置的布设提供一定的依据,同时施工过程中要及时进行钢支撑的架设,尽量减少时空效应引起基坑变形的增加。

7.1.3　坑中坑施工关键技术

下穿通道南端至塔台区域包括东西服务车道以及行李车道,T1 小机坪区域只设计有行李车道。不同车道功能不同,其坑底设计深度也不同,另外泵房处的基坑深度与行李车道也有一定的高差。坑中坑高差最大处达到 6.5 m,过大的高差使得坑中坑基坑开挖破坏机理不同于一般基坑。对于上海典型的软黏土地质,含水量较高,容易发生地下水渗流破坏,其中,坑中坑最易发生圆弧滑动面破坏。因此,除了基坑围护设计要对深坑进行专门设计分析以外,在施工过程中要注重施工流水段的合理划分及施工的先后顺序。在本工程中,出现坑中坑的部位距离邻近隧道只有 4.6 m,并且下穿通道施工时隧道完工不久,隧道周边土体所受扰动还未完全消散,密实性较差。坑中坑圆弧滑动面破坏位置较难确定,隧道距离基坑较近,很难确定基坑的施工对隧道的影响程度。因此,坑中坑在如此复杂周边环境下施工危险系数较高,盾构隧道保护难度较大。

7.1.3.1　下穿通道坑中坑基坑工程概况

根据机场实际运营需要,下穿通道工程包括行李车道、服务车道及泵房等设施。服务车道与行李车道设计功能、出地面位置不同,因此在同一断面基坑深度不同。在基坑开挖过程中出现了不同的坑中坑工况,主要有三种形式:两侧服务车道与行李车道基坑高差(6.5 m)、泵房基坑与行李车道基坑高差(3.5 m)、一侧服务车道与行李车道基坑高差(7.5 m)。三种形式分别如图 7-24～图 7-26 所示。

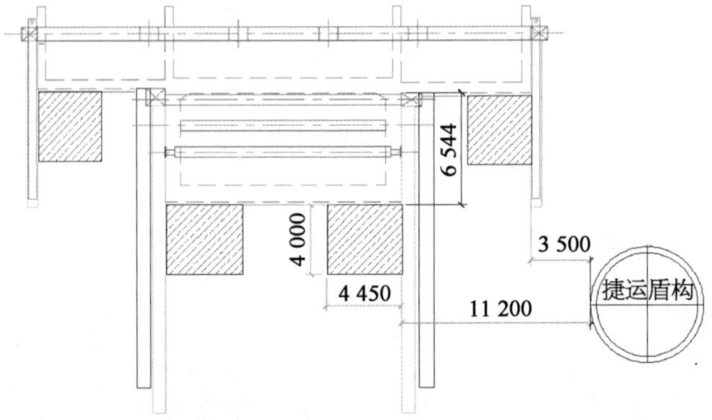

图 7-24　两侧服务车道与行李车道基坑高差位置示意图

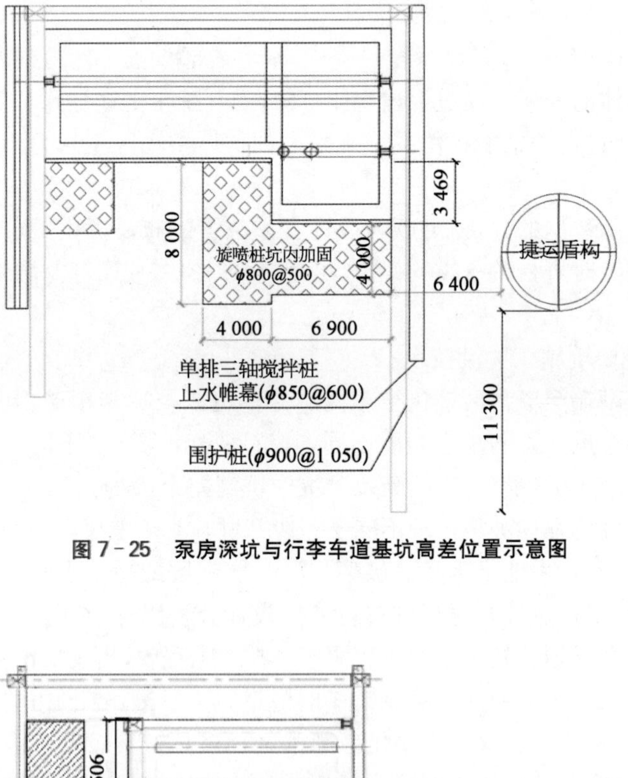

图 7-25　泵房深坑与行李车道基坑高差位置示意图

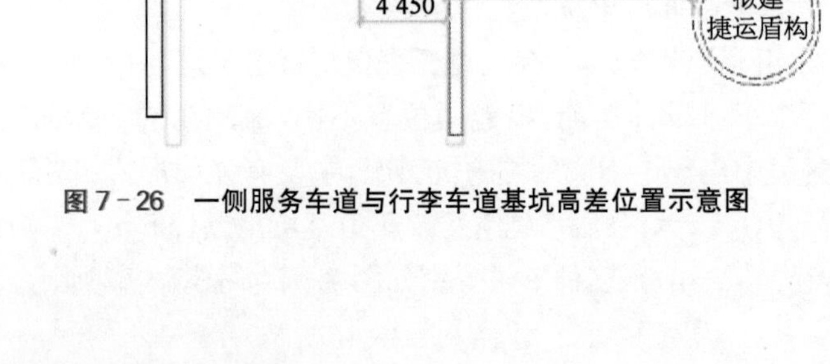

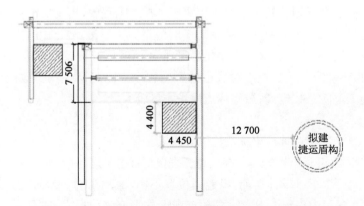

图 7-26　一侧服务车道与行李车道基坑高差位置示意图

坑中坑工程所处周边环境复杂，邻近基坑位置沿线有新建盾构隧道的存在。新建盾构隧道在坑中坑施工前已完工，但是其周边受干扰的土体还未达到开挖前的密实度，因此，新建盾构隧道的存在无疑增加了坑中坑施工的难度。另外，现场作业面紧张，只能在基坑一侧设置临时施工道路，隧道一侧禁止行走大型机械。

坑中坑围护设计单位根据不同工况分别对深坑及浅坑进行设计，浅坑围护结构包括SMW工法桩、钻孔灌注桩加三轴止水帷幕或旋喷桩止水帷幕；深坑围护结构根据基坑不同深度包括三轴水泥搅拌桩重力坝、钻孔灌注桩加三轴止水帷幕；深坑坑底及裙边加固采用三轴水泥搅拌桩、旋喷桩。由于坑中坑容易发生圆弧滑动面失稳破坏，并且新建隧道距离基坑较近，破坏滑动面范围难以确定，因此需要建立现场模型、进行不同工况下围护结构的设计。

7.1.3.2 坑中坑施工危险性分析及支护设计影响因素分析

1）下穿通道坑中坑施工危险性分析

近几年来随着地下结构复杂程度不断增加，基坑内部出现的集水井、电梯井深度越来越深，宽度也不断增大，出现了很多基坑内部坑中坑。过去基坑围护设计过程中大部分只对开挖至普遍坑底的稳定性及安全性进行考虑，对坑中坑的影响考虑较少；加之过去建筑物高度较低，坑中坑影响较小，危险性也较小，围护设计通过放大一定的安全系数足以对坑中坑的影响进行抵消。随着大量高层建筑的不断开发，坑中坑出现的滑坡及坍塌事故频发，使得坑中坑支护设计越来越受到重视。浅坑的施工已对坑中坑的周边土体造成扰动，因此，坑中坑施工时其岩层土质条件等工况已不同于浅坑施工时；同时，坑中坑的施工也会对浅坑的围护结构、周边土体等条件产生影响。所以，深浅坑的施工相互影响、相互制约，其应力场、应变场在空间上存在一定的耦合关系，这种耦合现象对周边环境的影响较大。

本工程属于大型市政项目，由于机场运营的特殊需要，在基坑开挖施工过程中出现了以上三类坑中坑施工工况。根据上述分析可知，坑中坑深度较深，距离围护结构较近，危险系数较大，另外，基坑周边环境复杂，距离新建隧道较近，复杂环境下的基坑支护对于本工程而言特别重要。对于本工程出现的三类形式——两侧服务车道与行李车道基坑高差（6.5 m）、泵房基坑与行李车道基坑高差（3.5 m）、一侧服务车道与行李车道基坑高差（7.5 m），隧道距离基坑的距离分别为3.5 m、6.4 m、12.7 m。从数据中可以看出坑中坑深度较深，并且隧道距离基坑距离也是比较近的。对于坑中坑而言，轻则会使浅坑围护结构发生变形，周边地表发生一定程度的沉降；重则会使坑壁产生滑坡和坍塌，主体结构桩基产生位移，更严重的在于支护结构设计缺陷或者施工质量不过关造成圆弧滑动面坍塌。因此，从本工程来看，考虑到新建地铁的影响和深浅坑的影响，必须重视基坑围护体系的建立。邻近隧道坑中坑围护-支撑施工图如图 7－27 所示。

2）坑中坑支护设计影响因素分析

在进行坑中坑支护设计计算时需要考虑水土压力、施工荷载、承压水、邻近隧道等因素。基坑开挖前需要将水位降低到开挖面以下 0.5～1.0 m，坑中坑支护设

图 7-27　邻近隧道坑中坑围护-支撑施工图

计时需要考虑浅坑处水压力对深坑支护的作用，一般可以根据实际观测水位或者经验水位取值。

带有坑中坑的基坑施工，一般先进行浅坑的开挖，浅坑开挖完毕后再进行深坑的施工。整个基坑开挖之前，土体的侧向土压力分布曲线在均匀土质状态下一般可以看成一次函数的形式，如图 7-28 中曲线 OA 所示，静止侧压力系数为 K_0，浅坑开挖完毕后，基坑底实际的侧向土压力分布曲线为 BA'，从图中可以看出阴影部分为土体卸载的作用。浅坑的卸载使得土体处于超固结状态，静止侧向土压力系数增大为 K_1。存在坑中坑时，深坑的开挖使得作用在深坑围护结构上的土压力由静止侧向土压力曲线 BA' 向主动土压力曲线发展。如果在进行坑中

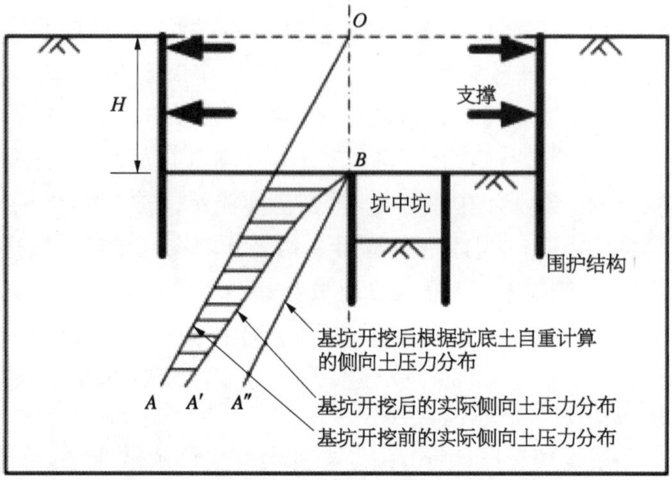

图 7-28　浅坑开挖前后坑底侧向土压力分布图

坑围护体系的设计时，只是按照基坑开挖后坑底土自重计算的曲线 BA'' 向主动土压力曲线变化，则减小了作用在坑中坑支护上的侧向土压力，进一步增大了危险性。因此，在进行坑中坑支护体系的设计时要按照应力曲线 BA' 来进行考虑。

存在坑中坑的基坑施工，一般在浅坑底板施工完毕后再进行深坑的施工；对于本工程而言，大型机械只能在基坑西侧进行作业，因此需要考虑大型机械等设备对坑中坑的作用荷载（图 7－29）。当基坑底部存在承压水时，坑中坑的开挖使得承压水上部压力减小，引起承压水的突涌现象，因此，进行深坑围护结构体系设计时要对承压水突涌稳定性做考虑，采取相应的减压措施。

图 7－29　135 t 履带吊吊装钢支撑机械施工图

除了影响坑中坑围护体系设计的一般因素，对于特殊工况、环境的工程要根据实际情况进行考虑分析。本工程距离新建隧道最近处 4.6 m，新建隧道的施工已经对土体产生了一定的影响，并且该新建隧道部分在基坑滑动面范围以内，所以不仅是坑中坑的支护需要考虑邻近新建隧道这一因素，浅坑围护体系的设计更要考虑基坑的开挖对隧道的影响。

7.1.3.3　坑中坑施工措施

1）技术措施一：合理设计围护、支撑体系

根据坑中坑深度的不同分别进行围护体系的设计，然后通过内支撑连接使外围围护体系与坑中坑支护体系共同作用，保证基坑开挖的安全性，减小对周边环境的影响程度。本工程中所涉及的坑中坑支护方式与外围浅坑支护形式如下：

（1）坑中坑深度较小时，深坑支护选用的是内插钢筋三轴搅拌桩重力坝，外围浅坑支护采用的是 SMW 工法桩。从图 7－30 可以看出，由于深坑较浅，因此重力坝插入深度相对较小，裙边加固采用的是三轴水泥搅拌桩加固，增加被动区土体强度，防止基坑底部隆起及滑坡现象。新建隧道距离外围浅坑 4.6 m，其围护体系 SMW 工法桩插入深度在考虑插入比的同时考虑了对隧道的影响，可以看出工法桩底部距离隧道底部约 3.1 m，即 $\frac{D}{2}$（D 为新建隧道直径）。内外围护体系利用钢支撑、裙边加固衔接共同抵挡了周边土体压力等作用。

（2）坑中坑深度较大时，深坑围护体系采用的是围护钻孔灌注桩加三轴水泥搅拌桩止水帷幕，外围浅坑围护体系为 SMW 工法桩，基坑裙边加固采用的是三轴水泥搅拌桩坑底加固。从图 7－31 可以看出，深坑围护桩插入深度比新建隧道底部深3.1 m，即 $\frac{D}{2}$（D 为隧道直径）。由于深坑围护体系的设计考虑了对隧道的

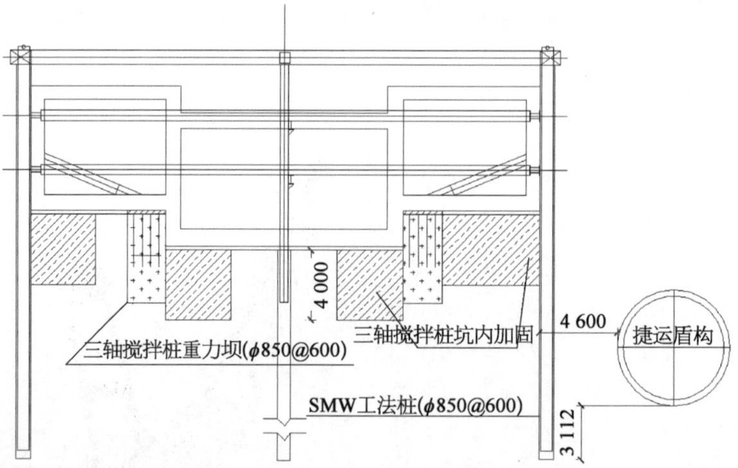

图 7-30　坑中坑围护体系——内插钢筋三轴水泥搅拌桩重力坝

影响，因此，外围围护体系 SMW 工法桩插入深度只考虑了浅坑深度确定的插入比，内外围护体系之间利用三轴水泥搅拌桩加固土体传力。深坑施工过程中采用了两道钢支撑来减小对周边环境的影响。

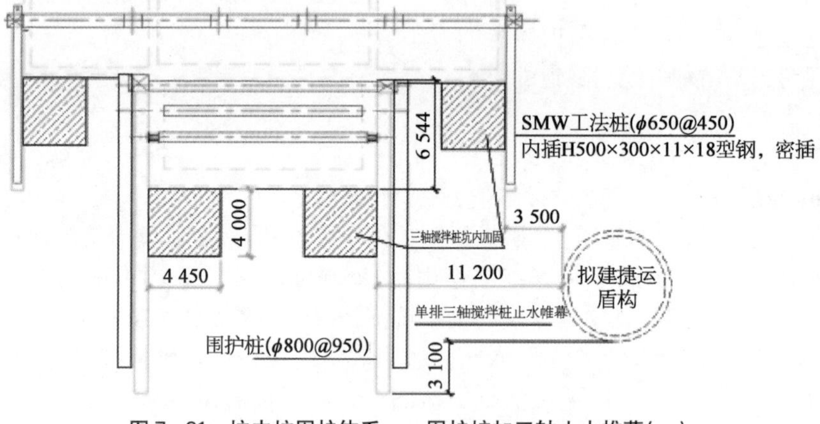

图 7-31　坑中坑围护体系——围护桩加三轴止水帷幕(一)

(3) 本工程中根据结构形式不同，邻近隧道一侧的围护形式也不同。从图 7-32、图 7-33 可知，行李车道深坑深 7.5 m，距离新建隧道 12.7 m，深坑坑底标高高于隧道顶标高，邻近隧道一侧采用的围护体系为 SMW 工法桩，裙边加固采用的是三轴水泥搅拌桩；SMW 工法桩底部距离隧道底部约 3.1 m，也是隧道直径的一半。泵房处深坑落深 3.5 m，宽度也较小，但是从图中可以看出，邻近的隧道顶标高处于坑底以上，水平距离为 6.4 m；因此相对于上一情况，该种工况下的基坑施工对隧道的影响较大，因此，其邻近隧道一侧围护设计选用的是围护钻孔灌注桩加三轴止水帷幕形式。

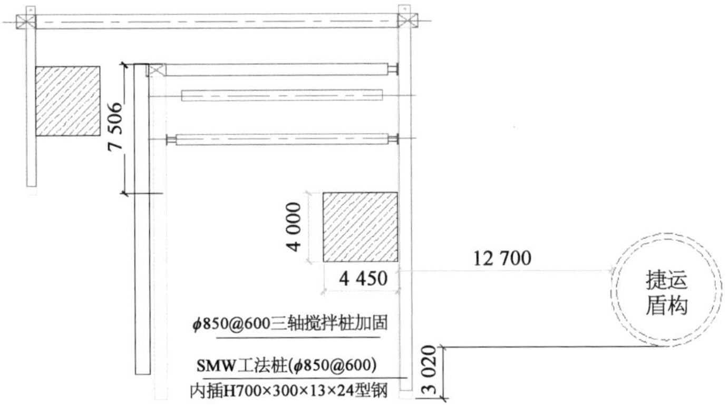

图 7-32　坑中坑围护体系——围护桩加三轴止水帷幕/SWM 工法桩

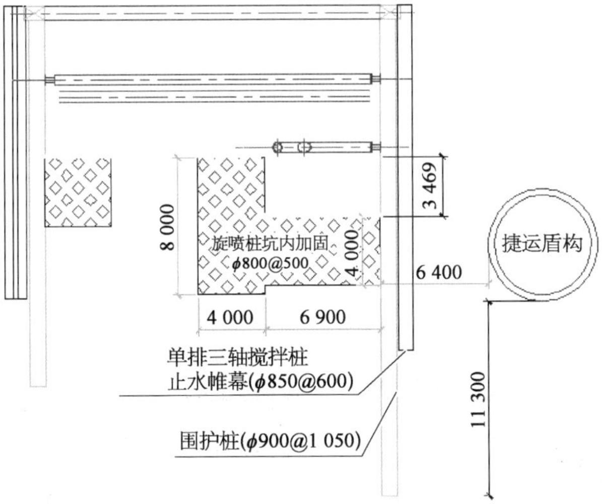

图 7-33　坑中坑围护体系——围护桩加三轴止水帷幕(二)

2）技术措施二：调整施工顺序、减小外围支护变形

下穿通道服务车道与行李车道标高不同，因此，在施工过程中出现了行李车道深坑、服务车道浅坑，在复杂环境下确定其施工顺序至关重要。为了减小深坑施工对外围浅坑围护体系的影响，将深浅坑施工顺序进行了调整，并且分析了各种工况下对邻近隧道的影响情况。存在坑中坑的基坑工程如何保证深浅坑围护体系共同作用是减小对周边环境影响的有效方法，因此在施工中确定了无论先施工深坑或是浅坑都必须做好深坑与浅坑围护体系的传力设置。如图 7-34 所示，通过施工浅坑加强垫层来传递深浅坑的围护体系作用力。

根据圆弧滑动面理论，邻近新建隧道可能分布在滑动面以内，因此该部位的土体开挖时，应从滑动面以外土体进行开挖，并且随即进行垫层的施工，逐渐朝被动区施工，通过垫层的及时浇筑，减少滑动面滑坡的危险性。

3）技术措施三：钢支撑轴力补偿系统的运用

在进行坑中坑作业时，作业场地较小，邻近施工荷载对基坑影响较大；另外，

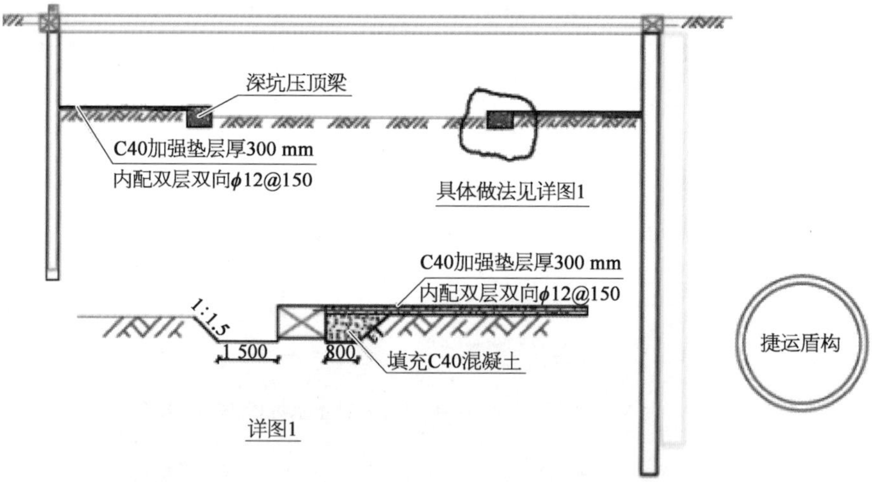

图 7-34　深浅坑加强垫层传力设施的施工工艺

为了动态调整基坑施工对新建隧道的影响，在深坑位置采用了钢支撑轴力自动补偿系统。这种装置可以动态调整深坑围护体系变形引起的轴力变化，实时监测支撑轴力，通过油压千斤顶调整轴力，减小围护体变形，进一步减小对周边环境的影响（图 7-35）。

图 7-35　坑中坑中钢支撑轴力补偿系统的应用

7.1.4　工法桩型钢拔除技术

7.1.4.1　型钢试拔概况

第三阶段 XL-30～33 段里程号为 FK0+750.500～FK0+850.500，SMW 工法桩（ϕ850@600），桩长 23 m，型钢尺寸为 H700×300×13×24，插二跳一。

型钢拔除从 XL-33 段基坑东侧的北端开始试拔，选取的试验段长为 10 m，隔三拔一，型钢拔除过程中及时跟踪注浆。拔除及注浆过程中，以及注浆完成后2 d时间内，监测盾构隧道的变形情况。

若型钢试拔后盾构无变化，则继续按同样方法拔除 XL－30～32 段基坑东侧型钢，但对已拔除型钢位置对应的盾构进行持续监测。后续施工过程中一旦发现盾构发生变形，则后续型钢拔除立即停止。

7.1.4.2 施工技术措施

施工总体流程包括施工准备(含盾构布点监测)、型钢拔除、孔隙注浆、型钢堆放及运输。

1）施工准备

在前面的 SMW 工法桩施工工序中，必须做到在型钢表面涂刷减摩剂，以便于 H 型钢回收。混凝土顶圈梁与型钢之间采用油毡隔离。结构强度达到设计要求后起拔回收型钢。

在型钢试拔前对邻近试拔段盾构隧道等周边环境进行监测点布设，根据监测方案进行监测，以便控制试拔速度。

2）型钢拔除

在拔桩前，应注意先将型钢表面留有的围檩限位或支撑抗滑构件、电焊等清除干净，并涂抹减摩剂。

待准备工作完成后，地下主体结构完成并达到设计强度，由总包书面通知后方可进行拔除。拔除采用专用夹具及千斤顶，以圈梁作为千斤顶的支座，起拔回收 H 型钢。拔除时，先把两只千斤顶放置在圈梁上的型钢两侧，并用夹具夹住型钢；然后用吊车钢丝绳吊住型钢，挂在吊钩上；最后施加千斤顶液压，用千斤顶将型钢顶起。在拔除过程中，随着型钢顶起，吊车相应收起钢丝绳，但不得用吊车的起重力来拔除型钢。

型钢拔除采用跳拔的顺序，即拔除一根型钢后再隔三根型钢进行拔除，即先拔 1、5、9→2、6、10→3、7、11→4、8、12，如图 7－36 所示。

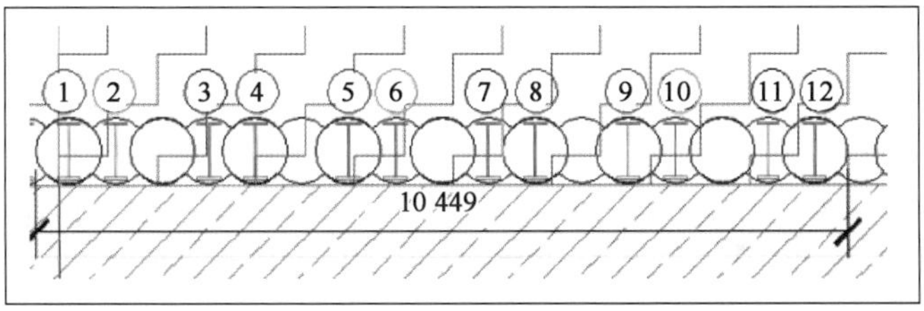

图 7－36 型钢拔除顺序

型钢试拔段施工完成并且满足要求后，沿 XL－30 段至 XL－33 段按照试拔试验方案进行施工。

3）空隙填浆

型钢拔除后形成的孔隙采用注浆泵注浆。用振动的方法将注浆管打入、至设计标高，采用自下而上，从外边缘至中间，按型钢拔除顺序分别注浆的施工顺序进行。浆体必须经过搅拌机充分搅拌均匀后，才能开始压出。搅拌时间应小于浆液初凝时间，并在注浆过程中不停地缓慢搅拌，浆体在泵送前应经过筛网过滤。

选用液压注浆泵，自下而上灌注浆液，注入的浆液量按 1.05 倍的型钢体积进行计算，达到计算的注浆量后，提拔 50 cm，再注浆，直至浆液液面抬升至地表。每一注浆孔结束注浆、拔出注浆管，清洁后进行下一孔的注浆。

孔内注浆一经开始，应连续进行，注浆量控制在 7～10 L/min。采用P.O.42.5水泥，水泥浆的水灰比为 0.5。由于基坑周边场地狭小，型钢拔除后临时堆放宜水平放置，堆放不得超过三层。型钢拔除后应及时运走。

7.1.4.3 型钢试拔程序

主要流程包括平整场地、安装千斤顶、吊车就位、型钢拔除及孔隙填充。

1）平整场地

XL－30～33 段型钢试拔段选择 33 段靠近隧道北侧开始，按隔三拔一的顺序。在进行型钢拔除前，需要清理圈梁上的土体，以保证千斤顶可以垂直平稳布置，同时将型钢表面留有的围檩限位或支撑抗滑构件、电焊等清除干净。

工作面上物件须清理干净。以满足履带吊机吊起型钢为准，以型钢背离隧道侧 8 m 范围为履带吊机活动区域，并有拔出型钢后的堆放场地和运输型钢的通道。

2）安装千斤顶

将两只千斤顶平稳地放在圈梁顶上，圈梁破坏处垫放铁块，保证垂直度。

3）型钢拔除

开启高压油泵，两只千斤顶同时向上顶住起拔架的横梁部分进行起拔，待千斤顶行程到位时，敲松锤型钢板，起拔架随千斤顶缓缓放下至原位。待第二次起拔时，吊车须用钢丝绳穿入型钢上部的圆孔吊住型钢。重复以上工序将型钢拔出。

4）孔隙注浆填充

用振动的方法将注浆管打入、至设计标高，采用自下而上，从外边缘至中间，按型钢拔除顺序分别注浆的施工顺序进行。注浆压力大于注浆深度处土层压力，一般注浆压力取为 0.2～0.5 MPa。注浆过程中动态监控盾构隧道监测点变化，及时调整注浆压力。

5）盾构隧道变形控制

本次试拔型钢距离西线盾构隧道垂直距离约 12 m，试拔过程中需要动态监控隧道监测点变化值，同时监测点变化值可以控制试拔速度。隧道影响控制值：日变量≥±2 mm/d，累计变化量≥±5 mm。

在进行缝隙注浆过程中，根据隧道监测点变化，动态调整注浆压力值。下穿通道与盾构隧道平面位置、横断面位置示意图分别如图 7－37、图 7－38 所示。

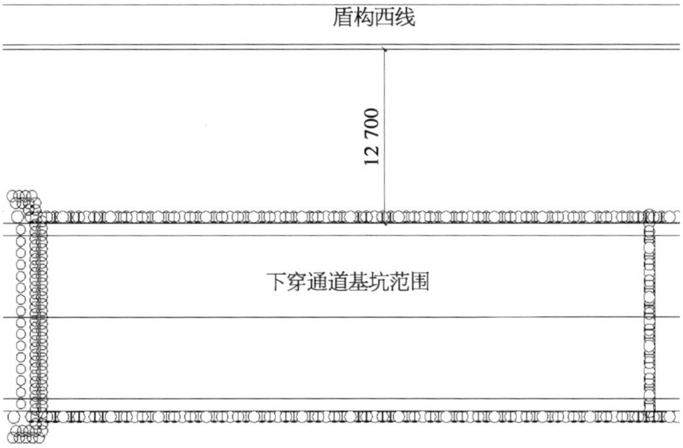

图 7－37　下穿通道与盾构隧道平面位置示意图

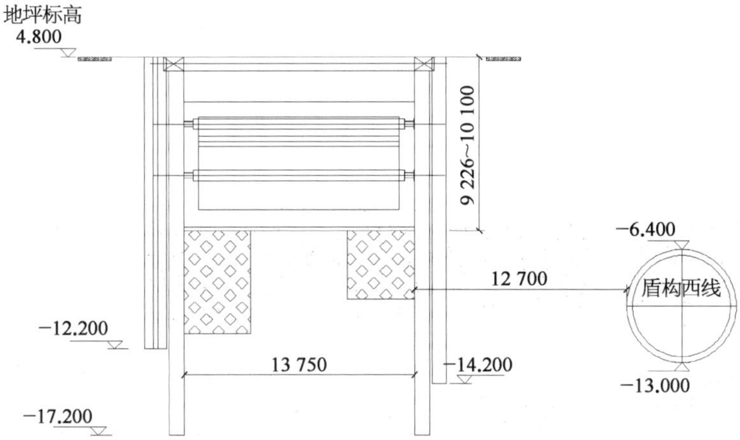

图 7－38　下穿通道与盾构隧道横断面位置示意图

7.2　限制条件二：邻近既有建筑明挖施工

本工程北端下穿通道基坑距离 T1 基础外边线 5 m，航站楼随着高度增加其结构呈现出向外倾的形状，这一复杂环境无法满足围护设计三轴水泥搅拌桩机械的高度要求，需要改变止水帷幕的形式来满足现场环境条件的需要。T1 东侧登机桥高度距离地面约 5 m，现有钻孔灌桩桩机高度远大于登机桥距离地面高度，这一区域的工程桩施工无法按照传统方法进行，难度较大。该处距离 T1 较近，基坑开挖较深，从一定程度上对航站楼基础有一定的扰动，开挖过程中要时刻监测航站楼结构变形趋势，合理安排施工进度，保障航站楼的正常安全运营。

7.2.1　基坑围护设计优化

基坑围护设计优化特点及难点分析如下：

登机桥区域位于下穿通道北端，基坑西侧为T1、东侧为小机坪区域，并且捷运隧道距离基坑东侧约13 m左右（泵房区域最近处不到6 m），周边环境较复杂。根据机场不停航施工规定，在进行登机桥区域围护施工过程中，T1正常运营。小机坪区域在施工前全面停运，登机桥通向航站楼的通道按照规定一律进行封闭管理。T1区域不停航施工对于围护施工及后续的基坑施工是一大挑战，必须做好前期施工准备及策划工作。一切按照不停航施工管理方案进行，涉及禁区的工作，要按照禁区施工要求进行申请，经批准后，取得禁区施工证方可进入禁区施工。禁区施工及不停航施工管理难度大，施工过程中须做到动态管理。

位于小机坪区域的五个登机桥固定端横跨下穿通道，每一个宽度约3.5 m，登机桥下方最小净空高度仅为5.26～5.43 m，对于基坑围护结构的施工机械要求较高。该段基坑围护形式为钻孔灌注桩挡土加外侧三轴水泥搅拌桩止水，一般钻孔灌桩桩机高度在10 m以上，三轴水泥搅拌桩机高度为30 m左右。因此，登机桥高度远远不能满足施工机械的施工要求，登机桥区域的钻孔灌桩施工机械要进行改造，碰到登机桥的三轴水泥搅拌桩要换成其他形式的止水方式。

登机桥固定端距地面高度示意图如图7-39所示，登机桥固定端与下穿通道结构的相互位置关系如图7-40所示。

图7-39　登机桥固定端距地面高度示意图

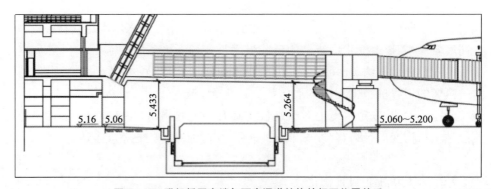

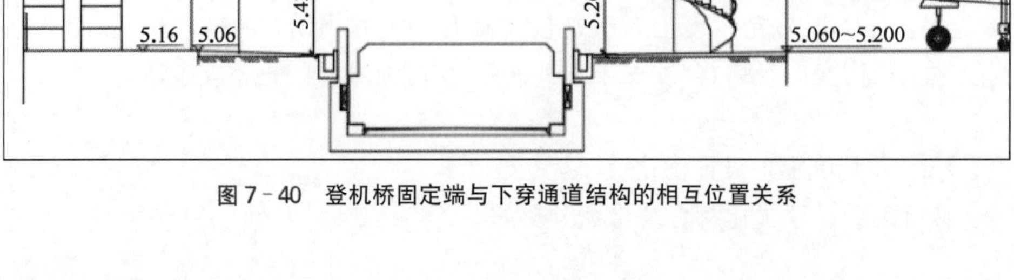

图7-40　登机桥固定端与下穿通道结构的相互位置关系

小机坪区域基坑距离 T1 较近，航站楼结构形式较独特，呈现出向外凸的形态(图 7 - 41)。基坑围护结构距离航站楼基础约 5 m，基坑深度达到 10 m，其开挖影响范围为 2～3 倍的开挖深度。为了减小下穿通道基坑施工对航站楼基础的影响，此处的基坑围护结构形式为钻孔灌注桩外加三轴水泥搅拌桩的止水方式。围护止水帷幕深度为 25 m，机械高度 30 m，航站楼独特的建筑结构形式无法满足三轴水泥搅拌桩机作业空间的要求。因此，邻近航站楼基坑止水帷幕方式需要改变，以满足作业面的要求。

图 7 - 41　T1 区域基坑周边环境

7.2.2　主要施工技术措施

1）围护桩机改造

由于 T1 小机坪区域工程桩、围护桩须在原有登机桥下部施工，净空高度为 5.2～5.4 m，故须对钻孔灌注桩施工桩机进行改装。施工工艺同工程桩施工。结合项目部以往施工经验，拟采用 GPS - 12 型水文钻机，但须对机架、主钻杆、钻杆、导管等进行改装。改装后机械示意图如图 7 - 42 所示，GPS - 12 型工程钻机改装前后性能对比见表 7 - 1。

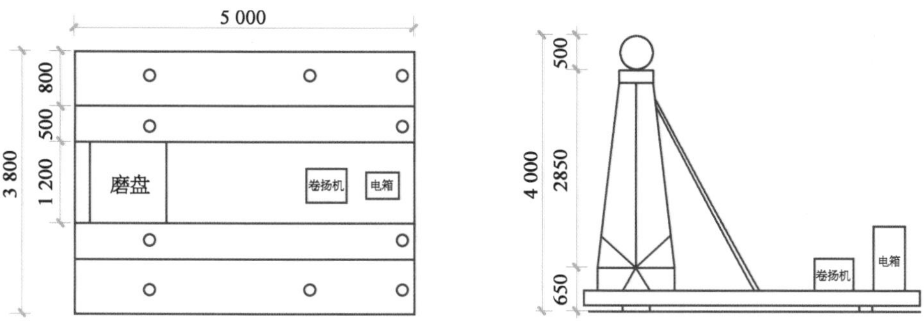

图 7 - 42　改装 GPS - 12 型水钻孔桩机

表 7-1 GPS-12 型工程钻机改装前后性能对比

参　　数	GPS-12 型工程钻机	
	改 装 前	改 装 后
扭矩(kN·m)	6	6
主卷扬机提升能力(单)(kN)	30	25
副卷扬机提升能力(单)(kN)	20	15
泥浆泵型号	3PNL	3PNL
流量	108	108
扬程	0.21	0.21
额定负荷(kN)	177	177
有效高度(m)	10	3.8
主动钻杆(mm)	110×110×5 500	110×110×2 500
钻杆(mm)	ϕ89×4 500	ϕ89×1 500
钻机动力(mm)	30	30
导管长度(m)	2.5	2.5

由表 7-1,从功效上看,扭矩、提升能力均能满足成桩要求,主动钻杆长度减小 55%,钻杆长度减小 67%。综合以上情况,改装后的水文钻机能满足本项目施工工艺要求。

鉴于小机坪区域的基坑围护形式受到环境的制约,邻近航站楼一侧以及登机桥下方的围护止水形式由原来的三轴水泥搅拌桩改为高压旋喷桩进行截水。两者都是水泥与土混合形成的水泥土桩,从实用性角度高压旋喷实用的土层更加广泛,但是对于止水效果而言,三轴水泥搅拌桩更好。高压旋喷止水可以在钻孔灌注桩前或者在其后进行施工,但是三轴水泥搅拌桩一般只能在灌注桩前进行施工;在钻孔灌注桩施工后进行施工时,灌注桩扩径容易破坏三轴水泥搅拌桩机。高压旋喷桩水泥掺量一般在 30%～40%,三轴水泥搅拌桩掺量一般为 18%～22%,因此,三轴水泥搅拌桩造价相对较低。三轴施工设备较大,高压旋喷设备较小,该处可以利用高压旋喷设备较小的特点来满足施工要求。

2) 钢筋笼施工方案

登机桥下方净高度为 5.25～5.43 m,不满足常规机械作业空间的要求。对施工钻孔灌注桩机进行了改造设计,对应的钢筋笼每节高度也有一定的限制。改造后的桩机架体高度为 4 m,考虑到钢筋之间的搭接长度为 35d(d 为钢筋直径),初步确定每段钢筋笼高度为 3 m。登机桥下方围护桩钢筋笼由多节组成,从一定程度上降低了桩体横截面水平承载力。为了避免相邻桩机薄弱位置在同一位置,钢筋笼制作及下放时要避免接头位置在同一标高。登机桥下相邻钢筋笼下料标高对比图如图 7-43 所示。

综上所述,T1 小机坪区域基坑围护结构施工是在航站楼不停航状态下进行

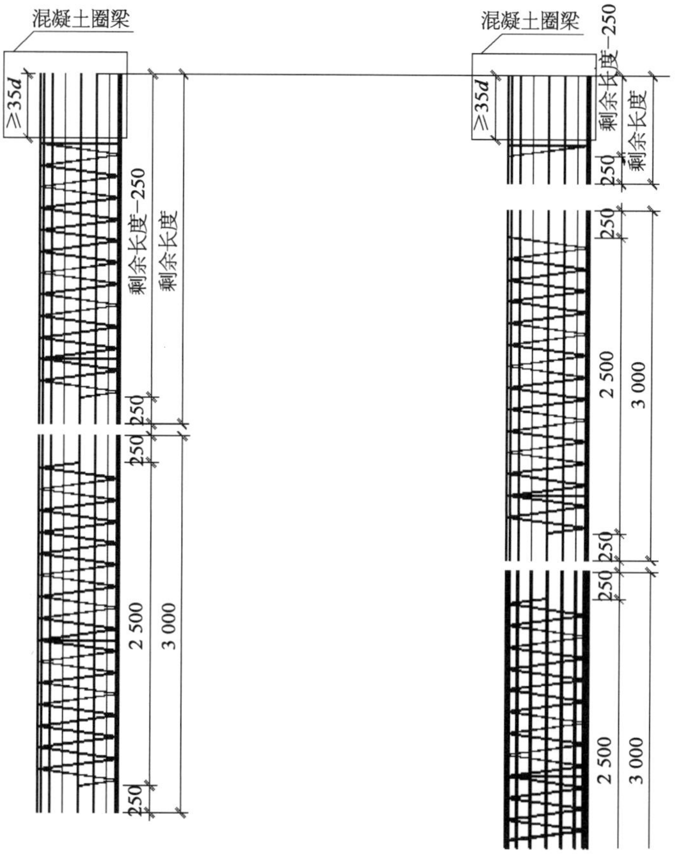

图 7－43　登机桥下相邻钢筋笼下料标高对比图

的，其所处环境复杂，施工难度较大。为了适应航站楼东侧复杂的施工环境，对其围护止水形式及围护结构施工机械进行了调整，适应了复杂的施工环境，并且保证了围护施工质量。